高校转型发展系列教材

# 土木工程施工组织设计与案例

王晓初 李 赢 主编

王雅琴 陈 辉 副主编

清华大学出版社

北京

## 内 容 简 介

本书以教育部土木工程专业的课程设置指导意见以及《建筑施工组织设计规范》(GB/T 50502—2009)为依据,并结合编写人员多年的教学和实践经验编写而成,系统地介绍了土木工程施工组织设计的基本原理、基本方法和应用。全书主要内容包括:施工组织概论、流水施工基本原理、网络计划技术、单位工程施工组织设计、施工组织总设计、轨道施工方案和施工组织总设计案例。本书在理论指导的基础上添加了两个实践案例,便于阅读者理解和接受。

本书可作为高等院校土木工程专业及相关专业工程课程的教材,也可以用作建造师考试的参考用书,还可以作为广大施工项目管理者、工程技术人员等从事专业工作的参考用书。

**图书在版编目(CIP)数据**

土木工程施工组织设计与案例/王晓初,李赢主编. —北京:清华大学出版社,2017(2023.1重印)
(高校转型发展系列教材)
ISBN 978-7-302-46627-7

Ⅰ. ①土… Ⅱ. ①王… ②李… Ⅲ. ①土木工程-施工组织-案例-高等学校-教材
Ⅳ. ①TU721

中国版本图书馆 CIP 数据核字(2017)第 036079 号

责任编辑:张占奎
封面设计:常雪影
责任校对:王淑云
责任印制:刘海龙

出版发行:清华大学出版社
  网  址:http://www.tup.com.cn,http://www.wqbook.com
  地  址:北京清华大学学研大厦 A 座    邮  编:100084
  社 总 机:010-83470000    邮  购:010-62786544
  投稿与读者服务:010-62776969,c-service@tup.tsinghua.edu.cn
  质量反馈:010-62772015,zhiliang@tup.tsinghua.edu.cn
印 装 者:北京九州迅驰传媒文化有限公司
经  销:全国新华书店
开  本:185mm×260mm   印  张:10.75   字  数:262 千字
版  次:2017 年 4 月第 1 版   印  次:2023 年 1 月第 6 次印刷
定  价:35.00 元

产品编号:070000-01

前言
Preface

　　本书为适应高等学校土木工程专业"土木工程施工组织设计"课的教学需要而编制的。"土木工程施工组织设计"是一门理论与实践并重、工程性较强的课程，注重在学习理论的基础上重点培养学生的实践能力，提高学生编写施工组织设计文件的能力。该课程涉及内容广泛，与工程实践联系紧密。

　　本书紧跟时代步伐、贴近实践，加深了理论与实际工程的联系，更加侧重对实际工程案例的掌握和应用，做到了理论与实践相结合，帮助学生开阔视野，增长见识，更加生动具体地学习知识。在计算部分使用当今广泛应用于工程中的表示方法和计算过程，对于学生就业后的具体工作实施和职业资格认证考试有着直接的帮助。本书系统的提出土木工程施工组织设计的编制要求，为了便于施工工作，按照土木工程施工组织文件顺序组织了各章节的内容。本书具有以下特点：一是结构合理；二是知识实用；三是针对明确；四是适合职业教育；五是使用灵活。

　　本书共分7章，由王晓初和李赢主编。具体编写分工如下：第2章、第7章由沈阳大学王晓初编写，第1章、第6章由沈阳大学李赢编写，第3章由沈阳大学王雅琴编写，第4章、第5章由沈阳大学陈辉编写。全书由沈阳大学王晓初教授统稿，教师李赢和学生高玮曼、冯昊婷负责校核工作。全书由沈阳建筑大学阎石教授主审。

　　在本书编写过程中，沈阳建筑大学齐宝欣、施工企业于明亮工程师、李金武工程师对初稿和内容提出了宝贵的意见，编者谨向他们表示感谢。

　　本书参考了许多行业相关技术规范以及国内大量的教材、论文以及其他研究成果，在此，对它们的作者表示由衷的感谢！由于编者的水平有限，书中难免有不足和错误之处，敬请读者批评指正。

编　者
2016.12

# 目录
Contents

## *041*　第 3 章　网络计划技术

## *076*　第 4 章　单位工程施工组织设计

## *106* 第5章 施工组织总设计

# 第1章

# 概　　论

# 1.1　施工组织设计的任务与原则

## 1.1.1　建筑产品与建筑产品的生产

**1. 建筑产品及其特点**

建筑产品是通过建筑规划、设计和施工等一系列相互关联、紧密配合的过程所创造的具有满足人们生产、生活、居住与交流等功能的活动空间的统称,包括建筑物与构筑物两类。与其他的工业产品相比较,建筑产品有以下特点。

(1) 空间上的固定性。建筑产品生产出来后通常是不可移动的,建筑产品与其所依附的土地形成一个不可分离的整体,是一种不动产。

(2) 形式上的多样性。建筑产品的生产离不开建筑材料,建筑材料的多样性决定了建筑产品形式上的多样性;建筑产品的生产也离不开设计者的设计思想,不同设计者设计思想的多样性也决定了建筑产品形式上的多样性;建筑产品都是以一定的建筑结构形式存在的,建筑结构形式随着人类建筑技术的不断进步而不断丰富,这也决定了建筑产品形式上的多样性。

(3) 存储时间的长久性。建筑产品往往坚固耐用并可维护、可修复,具有存储时间长的特点。正因如此,在人类历史的漫长进程中,建筑产品成为传承人类文明的重要载体。

(4) 体量上的庞大性。建筑产品具有满足人类活动需求的功能,客观上要求其具有较大的体量。

(5) 功能上的集成性。建筑产品要正常发挥其服务人类的功能,就要满足安全、耐久、实用、美观、经济等多方面的要求,需要通过多种要素的集成实现其功能。

**2. 建筑产品生产的特点**

建筑产品所独有的上述特点决定了建筑产品的生产也具有其自身的特点。

(1) 建筑产品体量上的庞大性以及空间上的固定性决定了建筑产品的生产在空间上具有高空与地下作业多、露天作业多、受建造地区自然地理条件和人文环境影响大的特点。

(2) 建筑产品体积上的庞大性以及存储时间的长久性决定了建筑产品的生产在时间上具有生产周期长、投资回收期长、对自然生态环境影响时间长等特点。

(3) 建筑产品的生产是资金、材料、设备与人力高度的集成过程,涉及的规划、设计和生产单位众多,涉及的科研部门、产品供应商、金融机构以及政府职能部门众多,建筑产品的生产需要达到质量、进度、成本、安全、职业健康与环境等众多项目目标。建筑产品生产过程中的任何一个环节出现问题都会影响项目目标的实现,要保证建筑产品最优就必须保证建筑产品生产过程最优,要保证建筑产品生产过程最优就必须保证建筑产品生产过程所涉及的诸多要素在相互依赖、相互制约中实现相互协调,因此,建筑产品的生产是一个由多要素、多环节所组成的复杂系统,建筑产品功能上的集成性决定了建筑产品的生产具有较强的系统性特点。

(4) 建筑产品形式上的多样性和空间上的固定性决定了建筑产品的生产具有单件性的特点,亦即任何建筑产品在建造地点、规划设计、技术标准、施工工艺等方面都不会完全相同。

(5) 建筑产品空间上的固定性决定了建筑产品的生产具有地区性以及流动性。处于不同地区的建筑产品的生产必然要在自然、人文、宗教、风俗、地理等方面与所在地相融合;而某个地区的建筑产品的生产结束后,建设队伍及其设备、材料等会流动到另外一个地方进行新的建筑产品的生产过程。

## 1.1.2　施工组织设计的基本概念

施工组织设计是建设项目在设计、施工阶段必须提交的技术文件,它是准备、组织、指导施工和编制施工作业计划的依据。因此,施工组织设计是工程建设管理规定的主要管理制度之一,是对整个施工活动实行全面有效控制的基础。

在中华民族几千年的文明史上,有过无数工程建设施工的成功事例。宋代学者沈括在他的《梦溪笔谈》一书中,有一篇《一举而三役济》的文章,记载了北宋大中祥符八年(1015年),大臣丁谓受命重建宫殿的事迹。宫殿毁于火灾,丁谓的重建方案是:先在废墟周围取土烧砖,然后引汴河水进入取土形成的沟中,再用船将木材、石料等材料运到工地,材料备齐后清理废墟填平水沟,最后重建宫殿。这个施工组织方案,在古代运输手段原始落后、完全手工操作、社会分工很差的条件下无疑是十分合理的,在减少费用和缩短工期方面取得了很好的效果。

那么什么是施工组织设计呢? 概略地说,就是在工程施工前编制的、用来指导工程施工准备和组织施工的全面性的技术、经济文件。施工组织设计应从施工的全局出发,根据工程的特点,按照客观的施工规律和当时当地的具体施工条件和工期要求统筹考虑施工活动中的人工、材料、机械、资金和施工方法等主要因素,对整个工程的施工和空间上做出科学而合理的安排。

施工组织设计可以是对整个基本建设项目起控制作用的总体战略部署,也可以是对某一单位工程的具体施工作业起指导作用的战术安排。以上二者均称为工程建设项目的施工组织设计,只是前者以施工的宏观控制为核心,后者以施工现场的实施为重点。做好施工设计的关键是根据客观的施工条件,充分考虑施工过程中可能出现的各种情况,选择切实可行的施工方案和效果最好的施工组织办法。由于施工受到各种因素的制约,因此不存在固定模式的、标准化的施工组织设计。

## 1.1.3 施工组织设计的任务与作用

工程施工需要时间(工期)、占用空间(场地)、消耗资源(人工、材料、机具等)、投入资金(造价)、确定施工方案、选择施工方法等。施工需要具备哪些基本条件,如何按照施工的客观规律来考虑工期的安排、场地的布置、资源的消耗等要素,就成为施工组织设计必须认真解决的问题。

施工组织设计的主要任务是:确定开工前必须完成的准备工作;做好施工部署,制定经济、合理的施工方案,选择合适的施工方法和施工机具;统筹安排施工顺序,确定合理可行的施工进度计划;确定施工需用的人工、材料、机具等资源的数量;布置施工现场,做到少占农田、节约开支、有利生产、方便生活;拟定切实有效的施工技术、质量、安全措施,确保工程顺利进行。

施工组织设计的作用有:使复杂的施工过程明细化、程序化,实现有组织、有计划、有秩序的施工;合理的施工进度确保待建项目费用低、效率高、质量好、按合同工期完成;在施工前使工程技术人员和管理人员对工程所需的各种施工资源数量和先后顺序做到心中有数;对施工现场平面进行合理布置,实现安全生产、文明施工;针对预计可能出现的各种情况进行相应的准备,能防患于未然;可以把工程的设计与施工、技术与经济、前方与后方、整个企业的施工安排和具体工程的施工组织紧密地联系起来。

编制施工组织设计,本身就是施工准备工作的一项重要内容。施工组织设计起着指导施工准备工作、全面布置施工活动、控制施工进度、进行劳动力和机械调配的作用,同时对施工活动内部各环节的相互关系和与外部的联系、确保正常的施工秩序起着有效的协调作用。总之,施工组织设计对于能否优质、高效、按时、低耗地完成施工任务起着决定性的作用。

## 1.1.4 施工组织设计的一般原则

我国工程施工组织设计虽在20世纪50年代就已经开始,但真正形成制度并发挥举足轻重的作用,还是改革开放以来30余年的事。根据建设的现实以及实施施工组织设计中的经验和教训,施工组织设计一般应遵循以下基本原则。

### 1. 认真贯彻我国工程建设和经济发展的方针政策

工程建设的投资巨大,耗用的人力、物力等各种资源多,必须纳入国家或地方政府的计划安排,工程建设才有可靠的保障。组织施工应严格按基本建设程序办事,认真做好施工组织设计,充分发动群众,建立和健全各项施工的技术保障措施和相应的施工管理制度,确保正常的施工秩序。

随着国家经济的发展,工程建设突飞猛进,建设资金从单一的国家投资来源,增加到地方投资、银行贷款、国外投资、发行股票及债券等多种渠道。工程施工,特别是高速工程的施工更应该以现行政策为依据,利用施工组织设计调动各方面的积极性,努力提高劳动生产率,加快工程进度,提高工程质量,降低成本,全面完成工程建设计划。

### 2. 根据建设期限的要求,统筹安排施工进度

工程施工的目的,在于保质保量地把拟建项目迅速建成,尽早交付使用,早日发挥工程效益和经济效益。因此,保证工期是施工组织设计中考虑的首要问题。根据规定的建设期限,按轻重缓急进行工程排队,全面考虑、统筹安排施工进度,做到保证重点,让控制工期的关键项目早日完工。在施工部署方面,既要集中力量保证重点工程的施工,又要兼顾全面,避免过分集中而导致人力、物力的浪费,同时还需要注意协调各专业之间的相互关系,保证按期完成施工任务。

### 3. 采用先进技术,实现快速施工

先进的科学技术是提高劳动生产率、加快施工速度、提高工程质量、降低工程成本的重要源泉。同时,积极运用和推广新技术、新工艺、新材料、新设备,减轻施工人员的劳动强度,是体现现代文明施工的标志。

施工机械化是工程实现优质、快速的根本途径,扩大预制装配化程度和采用标准构建是工程施工的发展方向。只有这样,才能从根本上尽可能减少工程施工的手工操作,实施快速施工。在组织施工时,应结合当地的机具实际配备情况、工程特点和工期要求,做出切实可行的布置和安排。注意机械的配套使用,提高综合机械化水平,充分发挥机具设备的效能。对于基础工程、土石方、起重运输等用工多和劳动强度大以及工序复杂的工程,尤其应优先考虑机械化施工。

### 4. 实现连续、均衡而紧凑的施工

工程施工系野外流动作业,受外界的干扰很大,要实现连续、均衡而紧凑的施工,就必须科学、合理地安排施工计划。计划的科学性,就是对施工项目做出总体的综合判断,采用现代数学的方法,使施工活动在时间上、空间上得到最优的统筹安排,也就是施工优化。计划的合理性,是指对项目相互关系的合理安排,如施工程序和工序的合理确定等。要做到这些,就必须采用系统分析、流水作业、统筹方法、电子计算机辅助管理和先进的施工工艺等现代化科学技术成果。

施工的连续性和均衡性,对于施工物资的供应、减少临时设施、生产和生活的安排是十

分有利的。安排计划时，在保证重点工程施工的同时，可以将一些辅助或附属的工程项目适当穿插。还应考虑季节特点，将一些后备项目作为施工中的转移调节项目。采取这些措施，才能使各专业机构、各工种工人和施工机械不间断、有次序地进行施工，很快由一个项目转移到另一个项目上去，从而实现连续、均衡而又紧凑的施工组织。

### 5. 保证工程质量和施工安全

工程是永久性的构筑物，工程质量的好坏不但影响施工效果，而且直接影响到沿线经济的发展和人民的生活。本着对国家建设高度负责的精神，严肃认真地按设计要求施工确保工程质量，是每个施工管理者应有的态度。安全施工，既是施工顺利进行的保障，也是党和国家对劳动者关怀的体现。如果施工过程中发生质量事故或安全事故，不但会延误工期、造成浪费，甚至会引起施工工人思想情绪波动，造成难以弥补的损失。

为此，在进行施工组织设计时，要保证工程质量和安全施工的措施，组织施工要经常进行质量、安全教育，遵守有关规范、规程和制度。实行预防为主的方针，质量安全保障措施具体可靠，认真贯彻执行，把质量事故和安全事故消灭在萌芽状态。

### 6. 增产节约，降低工程成本

工程建设耗费的巨额资金和大量物资，是按概算、预算的规定计算的，即有一个"限额"（承包人则以合同价格为限额）。如果施工时突破这一限额，不仅施工企业没有经济收益，从基本建设管理角度也是不允许的。因此，施工企业必须实行经济核算、增产节约的方针，才能不断降低工程成本，增强企业自身的经济实力和社会竞争力。

社会经济实力的增长，一方面以现有生产条件为基础，挖掘潜力、增加生产；另一方面则是依靠资金的积累，达标投资，增加生产设备，实现扩大再生产。工程施工设计需要资源的品种及数量繁杂，在施工组织设计和施工管理中，只有认真实行经济核算生产、厉行节约、施工计划安排科学合理，才会收到更大的经济效益。此外，还应做到一切施工项目都要有降低成本的技术组织措施，尽可能减少临时工程，充分利用当地资源以及降低一切非生产性开支和管理费用。

# 1.2 施工组织设计的内容与编制

在基本建设项目的设计阶段和施工阶段，都必须编制相应的施工组织设计文件。在初步设计阶段编制施工方案（也称为施工组织规划设计），在技术设计阶段编制修正施工方案（也称为施工组织总设计），在施工阶段编制实施性施工组织设计。

## 1.2.1　施工方案

工程施工中,两阶段初步设计和三阶段初步设计文件称为施工方案。施工方案由以下文件组成。

**1. 施工方案说明**

(1) 施工组织、施工力量的设想和施工期限的安排,关键工程项目的施工方案比较、论证、决策情况。

(2) 主要工程、控制工期的工程和特殊工程采用的施工方案。

(3) 主要材料的供应、实施机具、设备的配置及临时工程的安排。

(4) 下一设计阶段应解决的问题以及注意事项。

**2. 人工、主要材料及机具、设备安排表**

列出主要材料、机具、设备的名称、单位、总数量和人工数量,并分上半年、下半年编列。主要材料一般指施工中价格高的钢材、木材、水泥、沥青等,以及施工中用量大的石料、砂等,和施工中有特殊用途的处理软体地基的土工织物、高强度水泥混凝土供用的外加剂等。

**3. 工程概略进度图**

根据劳动力、施工期限、施工条件以及施工方案按年和季度进行施工进度概略安排。图中应列出工程项目名称、单位、数量,按年度和季度列示出各项工程施工的起止时间、机动时间、衔接时间等。

**4. 临时工程一览表**

列出临时工程名称,如便桥、便道、预制场、电力设施、通信设施等。列出各项临时土地的地点或桩号、工程项目及数量等。

**5. 工程临时用地表**

列出临时用地的位置或桩号、工程名称、隶属(县、镇、村、个人)关系、长度、宽度、土地类别及数量等。

上述施工方案说明列入初步设计文件的第一篇(即总说明书),其余四项构成第十篇(即施工方案文件)。

## 1.2.2　修正施工方案

采用三阶段设计的工程,在技术设计阶段编制的施工组织设计文件称为修正施工方案。

修正施工方案根据初步设计的审查意见和施工方案说明中提出应进一步解决的问题及注意事项进行编制,修正施工方案的编制深度和提交的文件内容介于施工方案和施工组织计划之间。

## 1.2.3　施工组织计划

工程不论采用几个阶段设计,都要在施工图设计阶段编制施工组织计划。施工组织计划由以下文件组成。

### 1. 说明

(1) 初步设计(或技术设计)批复意见的执行情况。

(2) 施工组织,施工期限,主要工程的施工方法、工期、进度及采取的措施。

(3) 劳动力计划及主要施工机具的使用安排。

(4) 主要材料供应、运输方案及临时工程的安排。

(5) 对缺水、风沙、高原、严寒等地区以及冬季、雨季施工所采取的措施。

(6) 对高速公路和一级公路的交通工程及沿线设施施工协调和分期实施有关问题的说明。

(7) 施工准备工作的意见,如拆迁、用地,修建便道、便桥、临时房屋,架设临时电力、电信设施等。

### 2. 工程进度图

图中应列出工程项目名称单位、数量、劳动力等,按年与月分别绘出各工程项目施工延续工期并标出其月计划工日数,绘出劳动力安排示意图等。

### 3. 主要材料计划表

表中列出主要材料的名称、规格、单位、数量、来源、运输方式,按年、季的计划用量等。

### 4. 主要施工机具、设备计划表

表中列出机具、设备的名称、规格、数量(台班数、台数)、使用期限(开始和结束时间),按年、季的计划用量等。

### 5. 临时工程数量表

表中包括便道、便桥、预制场地、施工场地、电力及通信线等。列出各项临时工程的地点或桩号、工程名称、工程说明、工程数量等。

### 6. 临时用地表

列出临时用地的位置或桩号、工程名称,土地的隶属(县、镇、村、个人)关系、长度、宽度,土地的类别及数量。

## 1.2.4 实施性施工组织设计

在工程的招标、投标和施工阶段,由施工单位编制的施工组织设计统称为实施性施工组织设计。招标、投标阶段由施工企业经营管理层编制的施工组织设计文件称为标前施工组织设计,中标后由施工项目管理层编制的施工组织设计文件称为标后施工组织设计。标前施工组织设计是规划性的,目的是力争中标、签订工程承包合同;而施工条件是预计内容,较概略。中标后施工组织设计是操作性的,目的是组织项目施工、提高效益、施工条件确定,内容全面而具体。根据工程招标文件的规定,如果中标,标后施工组织设计应与标前施工组织设计基本上保持一致。

投标时编制的施工组织设计文件通常又称为施工组织设计大纲,内容必须符合招标文件的要求,一般由以下内容组成:施工组织设计的文字说明;分项工程进度计划;工程管理曲线;施工总平面布置图;主要分项工程施工工艺框图;分项工程生产率和施工周期表;施工总体计划表。其中文字说明部分应包括:设备、人员、材料运到施工现场的方法;主要工程项目的施工方案、施工方法;各分项工程的施工顺序;确保工程质量和工期的措施;重点(关键)和难点工程的施工方案、施工方法及其措施;冬季和雨季的施工安排;质量、安全保证体系;其他应说明的事项。

工程中标后,正式开工前编制的实施性施工组织设计文件,根据工程对象的不同又分为施工组织总设计、单位工程施工组织设计和分部分项工程施工组织设计。施工组织总设计的编制对象是整个施工项目,在施工项目的准备阶段编制;单位工程施工组织设计针对某一单位工程,在其开工前编制;分部分项工程施工组织设计针对现场作业,按施工工序编制。施工组织总设计、单位工程施工组织设计和分部分项工程施工组织设计,是同一工程项目的不同广度、深度和作用的三个层次的施工组织设计,它们是一个相互关联的整体,层层细化,实现对工程施工活动的有效管理与控制。

编制实施性施工组织设计时,施工原则、施工方案和施工方法已确定,施工条件明确。为确保这一阶段的施工组织设计能在工程施工中顺利实施,就必须根据不同的工程对象分别对各单位工程、各分部分项工程、各工序和施工队进行施工进度的日程安排和具体的操作设计。实施性施工组织设计文件的内容与施工图设计阶段的施工组织设计计划相似,但更具体、更详细。工程进度图应按月、旬、周安排,以分部工程施工为编制对象时,应列出各工序的施工持续时间,并编制相应的人工、材料、机具、设备计划。

综上所述,从施工方案到实施性施工组织设计,后一阶段比前一阶段的要求更高,内容也更详细,但是各个阶段既是独立的又是相互联系的。前一阶段是后一阶段施工组织设计的基础,后一阶段是对前一阶段施工组织设计的深化和落实。

上述施工组织设计文件的内容,是就通常情况而言,对于某一具体工程的施工组织设计,应结合该工程实际情况,以满足工程设计、施工要求为原则进行适当的调整和补充。

# 1.3　原始资料的调查与分析

## 1.3.1　调查的目的和方法

开展任何工作都应首先深入了解有关情况，做出正确的决策。要编制出切实可行的施工组织设计，事先必须掌握准确可靠的原始资料，并以此为依据，做好施工方案、安排施工进度，正确做出各项资源供应和施工现场部署。

工程施工涉及面广、专业多、材料及机具类型繁多、投资大，需要协调各种各样的问题。如果原始资料出现差错，对施工组织设计的编制和施工作业的正常进行都会造成不利影响，常常导致延误工期、质量低劣、事故频繁等严重后果。因此，施工前应有计划、有步骤地认真做好原始资料的调查、收集和分析工作。

为编制设计阶段的施工组织设计文件而进行的原始资料调查，是由设计单位在勘察设计阶段完成。为编制施工阶段的施工组织设计文件而进行的原始资料调查，则由施工单位在施工准备阶段完成。勘察阶段的调查由设计外业勘测中的调查组，随着设计资料的调查同时完成。施工阶段的调查是对设计阶段调查结果的复核和补充，由开工前组成的调查组来完成。设计阶段和施工阶段的调查方法及内容基本相同，都要深入现场，通过实地勘察、座谈访问、查阅历史资料，并采取必要的测试手段获得所需数据及资料。

调查的主要内容有：工程所在地点的地形、地质、水文、气候条件；自采加工材料场储量、地方生产材料情况、施工期间可供利用的房屋数量；当地劳动力资源、工业生产加工能力、运输条件和运输工具；施工场地的水源、水质、电源以及生活物资供应情况；当地民俗风情、生活习惯等。

## 1.3.2　自然条件调查

### 1. 地形、地貌

重点调查特殊土质类型、工程困难地段。调查资料用于选择施工用地、布置施工平面图、规划临时设施、掌握障碍物及其数量等。

### 2. 地质

用以选择土石方施工方法、确定特殊路基处理措施、复核地基基础设计及其施工方案、选定料场、制定障碍物的拆除计划等。

### 3. 水文地质

（1）地下水。判定水质及其侵蚀性质和施工注意事项、研究降低地下水位的措施、选择基础施工方案、复核地下排水设计。

（2）地面水。制定水下工程施工方案、复核地面排水设计、确定临时供水的措施。

### 4. 气象

（1）气温。确定冬季施工及夏季防暑降温措施，估计混凝土、水泥砂浆的强度增长情况。

（2）降雨。确定雨季施工措施、工地排水及防洪方案，确定全年施工作业的有效工作天数及地下工程或下部构造的施工季节。

（3）风力及风向。布置临时设施，确定高空作业及吊装的方案与安全措施。

### 5. 其他自然条件

如地震、泥石流、滑坡等，必要时进行调查，并注意它们对基础和路基的影响，以便采取专门的施工保障措施。

---

### 1.3.3 施工资源调查

### 1. 建筑材料

（1）外购材料的供应及发货地点、规格、单价、可供应数量、运输方式及运输费用。

（2）地方性材料的产地、质量、单价、运输方式、运输距离及运输费用。

（3）自采加工材料的料场、加工场位置、可开采数量、运距等情况。

### 2. 交通运输条件

沿线及邻近地区的铁路、公路、河流的位置，车站、码头到工地的距离和卸货与存储能力，装卸运输费用标准，当地汽车修理厂的情况及能力，民间运输能力。

### 3. 供水、供电、通信

施工由当地供水的可能性，当地供水的水量、水压、水质、水费，输水管道的长度；工地自选水源的可能性，其水质、引水方式、投资费用及设施；当地电源供电的容量、电压、电费、每月停电次数，如需自行发电，应了解发电设备、燃料、投资费用等；对于通信，应了解当地邮电机构的设置情况；如当地能为施工提供水、电力及通信服务，应签订相应的协议书或意向书，以利于施工现场的相关部门提前做好准备。

#### 4. 劳动力及生活设施

（1）当地可动用的劳动力数量、技术水平，如系少数民族地区，还应了解当地风俗习惯。

（2）可供作临时施工用房的栋数、面积、地点，以及房屋的结构、设备情况。

（3）工地所在地区的文化教育、生活、医疗、消防、治安情况及其支援能力。

（4）环境条件，如附近有无有害气体、污水及地方性疾病等。

#### 5. 地方施工能力

如当地钢筋混凝土预制构件厂、木材加工厂、商品混凝土搅拌站等建筑施工附属企业的生产能力，这些地方企业满足施工需求的可能性和数量。

## 1.3.4 施工单位能力调查

在设计阶段，如可行性研究报告没有明确对施工单位的要求，应向建设单位调查了解，确定是由专业队伍施工还是由地方力量施工。对施工单位，主要调查其施工能力，如施工工人数量及水平、技术人员数量及类别、施工机械设备的装备水平、施工单位的资质等级及近年的施工业绩等。

对实行招标、投标的工程，若设计阶段不能明确施工单位，编制施工组织设计时应从工程设计的角度出发，提出优化的最合理意见作为依据。在施工阶段，施工单位已确定，施工单位能够调动的施工力量，包括本单位自身的施工能力和按合同规定允许分包的其他施工能力，都是编制施工组织设计的依据。

## 1.3.5 实施性施工组织设计的内容

实施性施工组织设计是施工企业中标后，以满足项目施工需要、落实投标文件各项承诺为目标的施工组织设计；实施性施工组织设计应满足工程承包合同文件的要求，在投标施工组织设计的基础上进行编制，主要用于施工企业内部。

#### 1. 编制依据

编制依据主要包括编制实施性施工组织设计所依据的各类建设法律、法规和相关文件规定；现行各级技术标准、图集、规范；工程承包合同文件；全套施工图纸；本企业相关文件、制度；企业技术力量、设备状况以及所积累的类似工程经验资料等。

#### 2. 工程概况

工程概况中应介绍工程名称、规模、建设地点、设计单位、建设单位、监理单位、各专业设计概况、主要施工条件、现场环境以及工程主要特点等。

### 3. 施工准备

施工准备包括业主及施工单位的技术准备、生产准备。具体内容有熟悉图纸并组织图纸会审、编制施工图预算和施工预算、职工上岗培训、落实分包单位签订分包合同、布置水电管线和其他现场临时设施、组织劳动力和机械设备进场等。

### 4. 建设项目管理机构

绘制项目管理组织机构图,明确项目管理组织机构的管理层次、管理人员,制定项目管理各项规章制度与各岗位职责,贯彻落实企业三项管理体系执行文件。

### 5. 施工部署

施工部署应对重要施工组织问题和技术问题做出规划和决策。详细阐述在质量、工期、环保、职业健康与安全、文明施工等方面所要达到的目标;对工程总体施工方案进行具体安排。

### 6. 各分部分项工程及重点、难点部位的专项施工方案

详细阐述各分部分项工程以及重点、难点部位的施工方法、施工机具选择、施工段划分、施工顺序确定、工艺手段、工艺标准及其保证措施。为提升企业市场竞争能力,应结合施工企业实际,有针对性地制定高于国家标准要求的企业内部工艺标准文件。

### 7. 特殊条件下的施工保证措施

针对冬季、雨季、高温、台风和夜间等特殊条件,制定现场成品保护、设施保护与人员防护措施,降低施工现场发生灾难性事故的概率,避免不必要的损失。

### 8. 施工进度计划

根据合同工期要求,编制施工组织总进度计划以及单位工程施工进度计划,明确各项进度计划的保证措施。施工进度计划对施工顺序、施工过程的开始和结束时间、搭接关系进行综合安排,以实现合同工期目标。施工进度计划必须利用流水作业和网络计划方法。

### 9. 资源需求计划

根据施工进度计划计算劳动力、机械设备、成品、半成品、主要建筑材料等各类资源在不同施工阶段的需求量,明确其供应厂商、运输和储存方式,落实进场数量和日期。

### 10. 施工现场平面布置与管理

有针对性地进行施工现场平面布置,绘制不同施工阶段所对应的施工现场平面布置图,施工现场平面布置图以合理利用施工用地、节约临时设施费和现场运输费、实现文明施工、

节约降耗为宗旨进行设计,并注意使现场平面布置不断根据现场实际状况进行调整,保证现场管理的科学化、规范化和标准化。

### 11. 施工目标的各项保证措施

保证措施主要包括保证质量、保证安全、保证进度、环境污染防治等方面的技术组织措施,通过质量、环境、职业健康与安全三个认证的企业,应结合工程实际加以引用并落实,否则需要详尽编写有关保证措施。

### 12. 新技术、新工艺、新材料和新设备的应用

介绍"四新"的名称、应用部位以及注意事项,阐述应用"四新"所带来的经济和社会效益,明确应用"四新"所要达到的目标及保证措施。

### 13. 成本控制措施

明确施工项目成本管理目标,实行成本控制目标责任制,控制材料、设备采购价格,依据企业定额制定保证措施,严格实行限额领料制度,注意节能降耗,科学组织施工,积极推广降低材料损耗和能量消耗的施工工艺,强化现场管理,避免业主索赔。

### 14. 施工风险防范

对施工中可能发生的风险事件进行详尽分析与评估,制定并积极落实防范、规避和转移风险的管理措施。

### 15. 总承包管理与工程分包事宜

建立总承包企业与分包单位之间的工作协调机制,依据分包合同要求,通过制定对分包单位加强管理的制度和措施,保证总承包合同各项目标的实现。

### 16. 施工项目创优目标

为实现投标时所承诺的施工项目创优、获奖等目标,在项目管理各层次落实创优目标责任,制定奖惩措施。

### 17. 主要技术经济指标

通过主要技术经济指标反映施工组织设计目标达到的水平,是评价施工组织设计的重要依据,包括:劳动生产率、分项工程优良率、劳动力不均衡系数、降低成本额、降低成本率、施工机械化程度、临时工程投资比例、施工周期、单位工程工期等。

### 18. 结束语

结束语部分应对施工组织设计实施中应注意的难点、重点问题加以强调,对不足之处和需进一步改进之处加以说明。

# 思 考 题

1. 什么是施工组织设计？
2. 施工组织设计的一般原则是什么？
3. 原始资料调查包括哪些？
4. "四新"具体指什么？

# 第2章

# 流水施工基本原理

建筑工程的"流水施工"来源于工业生产中的"流水线作业"法,实践证明它是组织产品生产的一种理想方法。建筑工程的流水施工与工业生产中的流水线生产极为相似,不同的是:工业生产中各个工件在流水线上从前一工序向后一工序流动,生产者是固定的;而在建筑施工中各个施工对象都是固定不动的,专业施工队伍则由前一施工段向后一施工段流动,即生产者是移动的。生产实践证明,在所有的生产领域中,流水作业法是组织产品生产的理想方法。同样,流水施工建立在分工协作的基础上,是建筑安装工程施工最有效的科学组织方法。

# 2.1 流水施工的基本概念

## 2.1.1 三种施工组织方式的比较

建筑工程施工中常用的组织方式有三种:顺序施工、平行施工和流水施工。下面以例题 2-1 说明三种施工组织方式的概念和特点。通过对这三种施工组织方式进行的比较,我们可以更清楚地看到流水施工的科学性所在。

【例 2-1】 有 4 个同类型宿舍楼,按同一施工图纸,建造在同一小区里。按每幢为一个施工段,分为四个施工段组织施工,编号为Ⅰ、Ⅱ、Ⅲ和Ⅳ。每个施工段的基础工程都包括挖土方、做垫层、砌基础和回填土等 4 个施工过程。成立 4 个专业工作队,分别完成上述 4 个施工过程的任务。挖土方工作队由 10 人组成,做垫层工作队由 8 人组成,砌基础工作队由 22 人组成,回填土工作队由 5 人组成,每个工作队在各个施工段上完成各自任务的持续时间均为 5 天。以该工程为例说明三种施工组织方式的不同。

**1. 依次施工组织方式**

依次施工组织方式是按照建筑工程内部各分项、分部工程内在的联系和必须遵循的施工顺序,不考虑后续施工过程在时间上和空间上的相互搭接,而依照顺序组织施工的方式。依次施工往往是前一个施工过程完成后,下一个施工过程才开始。如果按照依次施工组织方式组织示例中的基础工程施工,其施工进度、工期和劳动力需求量动态曲线如图 2-1(a)所示。

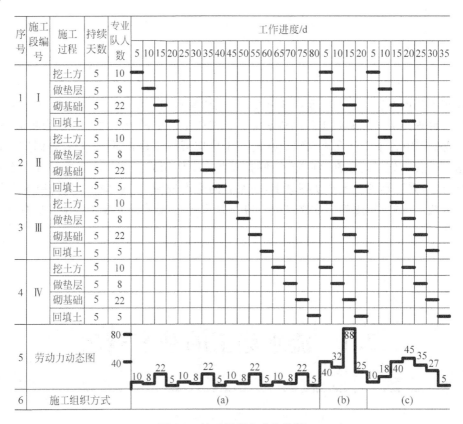

图 2-1　施工组织方式比较图

(a) 依次施工;(b) 平行施工;(c) 流水施工

由图 2-1(a)可以看出,依次施工组织方式具有以下特点:

(1) 由于没有充分利用工作面去争取时间,所以工期长;

(2) 工作队不能实现专业化施工,不利于改进工人的操作方法和施工机具,不利于提高工程质量和劳动生产率;

(3) 如采用专业工作队施工,则工作队及工人不能连续作业;

(4) 单位时间内投入的资源量比较少,有利于资源供应的组织工作;

(5) 施工现场的组织、管理比较简单。

依次施工组织方式适用于规模较小、工作面有限的工程。其突出的问题是由于各施工过程之间没有搭接进行,没有充分利用工作面,可能造成部分工人窝工。正是由于这些原因使依次施工组织方式的应用受到限制。

### 2. 平行施工组织方式

平行施工组织方式是组织几个工作队,在同一时间、不同空间上完成同样的施工任务的施工组织方式。一般在拟建工程任务十分紧迫、工作面允许和资源保证供应的条件下,可采用平行施工组织方式。如果按照平行施工组织方式组织例 2-1 中的基础工程施工,其施工进度、工期和劳动力需求量动态曲线如图 2-1(b)所示。

由图 2-1(b)可以看出,平行施工组织方式具有以下特点:

(1) 充分地利用了工作面,争取了时间,可以缩短工期;

(2) 工作队不能实现专业化生产,不利于改进工人的操作方法和施工机具,不利于提高工程质量和劳动生产率;

(3) 如采用专业工作队施工,则工作队及其工人不能连续作业;

(4) 单位时间投入施工的资源量成倍增长,现场临时设施也相应增加;

(5) 施工现场组织、管理复杂。

### 3. 流水施工组织方式

流水施工组织方式是将拟建工程的整个建造过程分解为若干个不同的施工过程,也就是划分成若干个工作性质不同的分部、分项工程或工序;同时将拟建工程在平面上划分成若干个劳动量大致相等的施工段,在竖向上划分成若干个施工层;按照施工过程成立相应的专业工作队;各专业工作队按照一定的施工顺序投入施工,在完成一个施工段上的施工任务后,在专业队的人数、使用的机具和材料均不变的情况下,依次地、连续地投入下一个施工段,在规定时间内,完成同样的施工任务;不同的专业工作队在工作时间上最大限度地、合理地搭接起来;一个施工层的全部施工任务完成后,专业工作队依次地、连续地投入下一个施工层,保证施工全过程在时间上、空间上有节奏、连续、均衡地进行下去,直到完成全部施工任务。

这种将拟建工程的整个建造过程分解为若干个不同的施工过程,按照施工过程成立相应的专业工作队,采取分段流动作业,并且相邻两专业队最大限度地搭接平行施工的组织方式,称为流水施工组织方式。如果按照流水施工组织方式组织例 2-1 中的基础工程施工,其施工进度、工期和劳动力需求量动态曲线如图 2-1(c)所示。

由图 2-1(c)可以看出,流水施工组织方式具有以下特点:

(1) 科学地利用了工作面,争取了时间,计算总工期比较合理;

(2) 工作队及其工人实现了专业化生产,有利于改进操作技术,可以保证工程质量和提高劳动生产率;

(3) 工作队及其工人能够连续作业,相邻两个专业工作队之间实现了最大限度的、合理的搭接;

(4) 每天投入的资源量较为均衡,有利于资源供应的组织工作;

(5) 为现场文明施工和科学管理创造了有利条件。

## 2.1.2 流水施工的技术经济效益

通过对上述三种施工组织方式的对比分析,不难看出流水施工在工艺划分、时间排列和空间布置上都是一种科学、先进和合理的施工组织方式,必然会给相应的项目经理部带来显著的技术经济效益。主要表现在以下几点:

(1) 流水施工的节奏性、均衡性和连续性,减少了时间间歇,使工程项目尽早竣工,能够更好地发挥其投资效益;

(2) 工人实现了专业化生产,有利于提高技术水平,工程质量有了保障,也减少了工程项目使用过程中的维修费用;

(3) 工人实现了连续作业,便于改善劳动组织、操作技术和施工机具,有利于提高劳动生产率,降低工程成本,增加承建单位利润;

(4) 以合理劳动组织和平均先进劳动定额指导施工,能够充分发挥施工机械和操作工人的生产效率;

(5) 流水施工高效率,可以减少施工中的管理费,资源消耗均衡,可以减少物资损失,有利于提高承建单位的经济效益。

## 2.1.3 流水施工分级和表达方式

### 1. 流水施工分级

根据流水施工组织的范围,流水施工通常可分为以下四种。

(1) 分项工程流水施工

分项工程流水施工也称细部流水施工,它是在一个专业工程内部组织的流水施工。在项目施工进度计划表上,它是一条标有施工段或工作队编号的水平进度指示线段或斜向进度指示线段。

(2) 分部工程流水施工

分部工程流水施工也称专业流水施工,是在一个分部工程内部、各分项工程之间组织的流水施工。在项目施工进度计划表上,它由一组施工段或工作队编号的水平进度指示线段或斜向进度指示线段来表示。

(3) 单位工程流水施工

单位工程流水施工也称综合流水施工,是一个单位工程内部、各分部工程之间组织的流水施工。在项目施工进度计划表上,它是若干组分部工程的进度指示线段,并由此构成一个单位工程施工进度计划。

(4) 群体工程流水施工

群体工程流水施工也称大流水施工。它是在若干单位工程之间组织的流水施工,反映在项目施工进度计划上,是一个项目施工总进度计划。

**2. 流水施工表达方式**

流水施工的表达方式,主要有横道图和网络图两种。横道图又分为水平指示图表和垂直指示图表。

(1) 水平指示图表

在流水施工水平指示图表中,横坐标表示流水施工的持续时间,纵坐标表示开展流水施工的施工过程、专业工作队的名称、编号和数目,呈梯形分布的水平线段表示流水施工的开展情况,如图 2-2 所示。

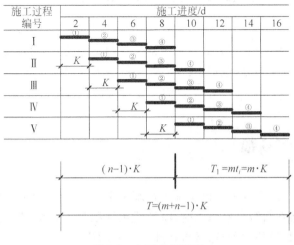

图 2-2　水平指示图表

(2) 垂直指示图表

在流水施工垂直指示图表的表达方式中,横坐标表示流水施工的持续时间,纵坐标表示开展流水施工所划分的施工段编号,$n$ 条斜线段表示各专业工作队施工过程开展流水施工的情况,如图 2-3 所示。

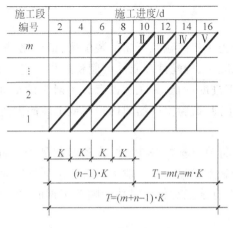

图 2-3　垂直指示图表

（3）网络图的表达方式

有关流水施工网络图的表达方式，详见本书第3章。

# 2.2 流水施工的主要参数

在组织项目流水施工时，用以表达流水施工在施工工艺、空间布置和时间排列方面开展状态的参量，统称为流水参数，包括工艺参数、空间参数和时间参数三类。

## 2.2.1 工艺参数

在组织流水施工时，用以表达流水施工在施工工艺上的开展顺序及其特性的参量，称为工艺参数。具体是指在组织流水施工时，将拟建工程项目的整个建造过程分解成的各施工过程的种类、性质和数目的总称，通常包括施工过程和流水强度。

### 1. 施工过程

在工程项目施工中，施工过程所包含的施工范围可大可小，既可以是分项工程，又可以是分部工程；既可以是单位工程，还可以是单项工程。根据工艺性质不同，它可分为：制备类施工过程、运输类施工过程和砌筑安装类施工过程三种。施工过程的数目以 $n$ 表示，它是流水施工的基本参数之一。

1）制备类施工过程

制备类施工过程是指为了提高建筑产品的装配化、工厂化、机械化和加工生产能力而形成的施工过程，如砂浆、混凝土、构配件和制品的制备过程。它一般不占有施工项目空间，也不影响总工期，不列入施工进度计划，只在它占有施工对象的空间并影响总工期时，才列入施工进度计划，如在拟建车间、试验室等场地内预制或组装的大型构件等。

2）运输类施工过程

运输类施工过程是指将建筑材料、构配件、设备和制品等物资，运到建筑工地仓库或施工对象加工现场而形成的施工过程。它一般不占有施工项目空间，不影响总工期，通常不列入施工进度计划，只在它占有施工对象空间并影响总工期时，才必须列入施工进度计划，如随运随吊方案的运输过程。

3）砌筑安装类施工过程

砌筑安装类施工过程是指在施工项目空间上，直接进行加工，形成最终建筑产品的过程,如地下工程、主体工程、屋面工程和装饰工程等施工过程。它占有施工对象空间,影响着工期的长短,必须列入项目施工进度计划表,而且是项目施工进度计划表的主要内容。

通常,砌筑安装类施工过程,可按其在工程项目施工过程中的作用、工艺性质和复杂程度不同进行分类。

(1) 主导施工过程和穿插施工过程

主导施工过程,是指对整个工程项目起决定作用的施工过程,在编制施工进度计划时,必须重点考虑,例如砖混住宅的主体砌筑等施工过程。穿插施工过程则是与主导施工过程相搭接或平行穿插并严格受主导施工过程控制的施工过程,如安装门窗、脚手架等施工过程。

(2) 连续施工过程和间断施工过程

连续施工过程是指一道工序接着一道工序连续施工,不要求技术间歇的施工过程,如主体砌筑等施工过程。间断施工过程则是指由材料性质决定,需要技术间歇的施工过程,如混凝土需要养护、油漆需要干燥等施工过程。

(3) 复杂施工过程和简单施工过程

复杂施工过程是指在工艺上由几个紧密相联系的工序组合而形成的施工过程,如混凝土工程是由筛选材料、搅拌、运输、振捣等工序组成。简单施工过程则是指在工艺上由一个工序组成的施工过程,它的操作者、机具和材料都不变,如挖土方和回填土等施工过程。

上述施工过程的划分,仅是从研究施工过程某一角度考虑的。事实上,有的施工过程既是主导的,又是连续的,同时还是复杂的施工过程,如主体砌筑工程施工过程。有的施工过程既是穿插的,又是间断的,同时还是简单的施工过程,如装饰工程中的油漆工程等施工过程。因此,在编制施工进度计划时,必须综合考虑施工过程几个方面的特点,以便确定其在进度计划中的合理位置。

4) 施工过程数目($n$)的确定

施工过程数目,主要依据项目施工进度计划在客观上的作用、采用的施工方案、项目的性质和建设单位对项目建设工期的要求等进行确定。

**2. 流水强度**

某施工过程在单位时间内所完成的工程量,称为该施工过程的流水强度。流水强度一般以 $V_i$ 表示,它可由式(2-1)或式(2-2)计算求得。

(1) 机械作业流水强度

$$V_i = \sum_{i=1}^{x} R_i \cdot S_i \qquad (2\text{-}1)$$

式中:$V_i$——施工过程 $i$ 的机械作业流水强度;

   $R_i$——投入施工过程 $i$ 的某种施工机械台数;

   $S_i$——投入施工过程 $i$ 的某种机械产量定额;

   $x$——投入施工过程 $i$ 的施工机械种类。

(2) 人工作业流水强度

$$V_i = R_i \cdot S_i \qquad (2\text{-}2)$$

式中：$V_i$——施工过程 $i$ 的人工作业流水强度；

$R_i$——投入施工过程 $i$ 的专业工作队人数；

$S_i$——投入施工过程 $i$ 的专业工作队平均产量定额。

### 2.2.2 空间参数

在组织项目流水施工时，用以表达流水施工在空间布置所处状态的参数，称为空间参数，包括工作面、施工段和施工层。

**1. 工作面**

某专业工种工人在从事建筑产品施工生产加工过程中，所必须具备的活动空间称为工作面。它是根据相应工种单位时间的产量定额、建筑安全工程施工操作规程和安全规程等的要求确定的。工作面确定合理与否，直接影响专业工种工人的生产效率。对此，必须认真加以对待，合理确定。

有关工种的工作面参考数据见表 2-1。

**2. 施工段**

为了有效地组织流水施工，通常把拟建工程项目在平面上划分成若干个劳动量大致相等的施工段落，这些施工段落称为施工段。施工段的数目以 $m$ 表示，它是流水施工的基本参数之一。由于专业施工队的施工力量有限，各专业施工队又不可能同时展开施工，因此，只有将体形庞大的施工对象化整为零，按照合理的工作面要求及合理的划分原则进行施工段的划分，从而保证施工过程中连续、均衡地开展流水作业施工。

1) 划分施工段的目的和原则

一般情况下，一个施工段内只安排一个施工过程的专业工作队进行施工。在一个施工段上，只有当前一个施工过程的工作队提供足够的工作面后，后一个施工过程的工作队才能进入该段从事下一个施工过程的施工。

划分施工段是组织流水施工的基础。就建筑产品生产的单件性特点而言，它不适于组织流水施工。但是，建筑产品体形庞大的固有特征，又为组织流水施工提供了空间条件——可以把一个体形庞大的"单件产品"划分成具有若干个施工段、施工层的"批量产品"，使其满足流水施工的基本要求，在保证工程质量的前提下，为专业工作队确定合理的空间活动范围，使其按流水施工的原理，集中人力和物力，迅速地、依次地、连续地完成各段的任务，为相邻专业工作队尽早地提供工作面，达到缩短工期的目的。

施工段的划分，在不同的分部工程中，可以采用相同或不同的划分方法。在同一分部工程中最好采用统一的段数，但也不能排除特殊情况。如在工业厂房的预制工程中，柱和屋架的施工段划分就不一定相同；对于多栋同类型房屋的施工，允许以栋号为施工段组织大流水施工。

表 2-1　主要工作面参考数据表

| 工作项目 | 每个技工的工作面 | | 说　明 |
|---|---|---|---|
| 砖基础 | 7.6 | m/人 | 以 $1\frac{1}{2}$ 砖计<br>2 砖乘以 0.8<br>3 砖乘以 0.5 |
| 砌砖墙 | 8.5 | m/人 | 以 $1\frac{1}{2}$ 砖计<br>2 砖乘以 0.71<br>3 砖乘以 0.57 |
| 毛石墙基 | 3 | m/人 | 以 60cm 计 |
| 毛石墙 | 3.3 | m/人 | 以 40cm 计 |
| 混凝土柱、墙基础 | 8 | m³/人 | 拌、机捣 |
| 混凝土设备基础 | 7 | m³/人 | 机拌、机捣 |
| 现浇钢筋混凝土柱 | 2.5 | m³/人 | 机拌、机捣 |
| 现浇钢筋混凝土梁 | 3.20 | m³/人 | 机拌、机捣 |
| 现浇钢筋混凝土墙 | 5 | m³/人 | 机拌、机捣 |
| 现浇钢筋混凝土楼板 | 5.3 | m³/人 | 机拌、机捣 |
| 预制钢筋混凝土柱 | 3.6 | m³/人 | 机拌、机捣 |
| 预制钢筋混凝土梁 | 3.6 | m³/人 | 机拌、机捣 |
| 预制钢筋混凝土屋架 | 2.7 | m³/人 | 机拌、机捣 |
| 预制钢筋混凝土平板、空心板 | 1.91 | m³/人 | 机拌、机捣 |
| 预制钢筋混凝土大型屋面板 | 2.62 | m³/人 | 机拌、机捣 |
| 混凝土地坪及面层 | 40 | m³/人 | 机拌、机捣 |
| 外墙抹灰 | 16 | m²/人 | |
| 内墙抹灰 | 18.5 | m²/人 | |
| 卷材屋面 | 18.5 | m²/人 | |
| 防水水泥砂浆屋面 | 16 | m²/人 | |
| 门窗安装 | 11 | m²/人 | |

施工段划分的数目要适当,数目过多势必减少工人数而延长工期,数目过少又会造成资源供应过分集中,不利于组织流水施工。为了使施工段划分得科学合理,一般应遵循以下原则:

(1)同一专业工作队在各个施工段上的劳动量应大致相等,其相差幅度不宜超过10%~15%。

(2)为了充分发挥工人(或机械)的生产效率,不仅要满足专业工程对工作面的要求,而且要使施工段所能容纳的劳动力人数(或机械台数),满足劳动组织优化要求。

(3)施工段数目要满足合理流水施工组织要求,即应使 $m \geqslant n$。

(4)为了保证项目结构完整性,施工段分界线应尽可能与结构自然界线相一致,如温度缝和沉降缝等处;如果必须将分界线设在墙体中间时,应将其设在门窗洞口处,这样可以减少留槎,便于修复墙体。

(5)对于多层建筑物,既要在平面上划分施工段,又要在竖向上划分施工层。保证专业工作队在施工段和施工层之间,有组织、有节奏、均衡和连续地进行流水施工。

2) 施工段数目($m$)与施工过程数目($n$)的关系

【例 2-2】 某二层现浇钢筋混凝土工程,结构主体施工中对进度起控制性的有支模板、绑钢筋和浇混凝土三个施工过程,每个施工过程在一个施工段上的持续时间均为 2 天,当施工段数目不同时,流水施工的组织情况也有所不同。

(1) 取施工段数目 $m=4$,$n=3$,$m>n$。施工进度表如图 2-4 所示,各专业工作队在完成第一施工层的四个施工段的任务后,都连续地进入第二施工层继续施工。从施工段上专业工作队的作业情况来看,从第一层第一施工段完成所有三个施工过程到第二层第一施工段开始作业之间存在一段空闲时间,相应地,其他施工段也存在这种闲置情况。

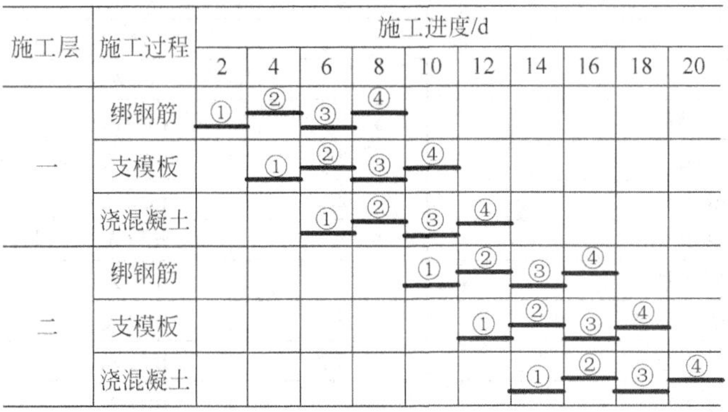

| 施工层 | 施工过程 | 施工进度/d | | | | | | | | | |
|---|---|---|---|---|---|---|---|---|---|---|---|
| | | 2 | 4 | 6 | 8 | 10 | 12 | 14 | 16 | 18 | 20 |
| 一 | 绑钢筋 | ① | ② | ③ | ④ | | | | | | |
| | 支模板 | | ① | ② | ③ | ④ | | | | | |
| | 浇混凝土 | | | ① | ② | ③ | ④ | | | | |
| 二 | 绑钢筋 | | | | | | ① | ② | ③ | ④ | |
| | 支模板 | | | | | | | ① | ② | ③ | ④ |
| | 浇混凝土 | | | | | | | | ① | ② | ③ | ④ |

图 2-4 $m>n$ 时流水施工进展情况

由图 2-4 可以看出,当 $m>n$ 时,流水施工呈现出的特点是:各专业工作队均能连续施工;施工段有闲置,但这种情况并不一定有害,它可以用于技术间歇和组织间歇时间。

在项目实际施工中,若某些施工过程需要考虑技术间歇等,则可用式(2-3)确定每层的最少施工段数:

$$m_{\min} = n + \frac{\sum Z}{K} \tag{2-3}$$

式中:$m_{\min}$——每层需划分的最少施工段数;

$n$——施工过程数或专业工作队数;

$\sum Z$——某些施工过程要求的技术间歇时间的总和;

$K$——流水步距。

在例 2-2 中,如果流水步距 $K=2$,当第一层浇筑混凝土结束后,要养护 4 天才能进行第二层的施工。为了保证专业工作队连续作业,至少应划分的施工段数为

$$m_{\min} = n + \frac{\sum Z}{K} = 3 + 4/2 = 5$$

按 $m=5$,$n=3$ 绘制的流水施工进度表如图 2-5 所示。

(2) 取施工段数目,$m=3$,$n=3$,$m=n$,施工进度表如图 2-6 所示。可以发现,当 $m=n$ 时,流水施工呈现出的特点是:各专业工作队均能连续施工,工段不存在闲置的工作面。显然,这是理论上最为理想的流水施工组织方式,如果采取这种方式,要求项目管理者必须提高施工管理水平,不能允许有任何时间上的拖延。

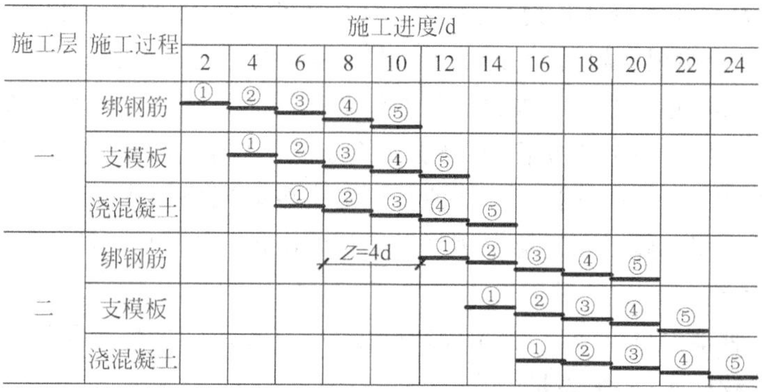

| 施工层 | 施工过程 | 施工进度/d | | | | | | | | | | | |
|---|---|---|---|---|---|---|---|---|---|---|---|---|---|
| | | 2 | 4 | 6 | 8 | 10 | 12 | 14 | 16 | 18 | 20 | 22 | 24 |
| 一 | 绑钢筋 | ① | ② | ③ | ④ | ⑤ | | | | | | | |
| | 支模板 | | | ① | ② | ③ | ④ | ⑤ | | | | | |
| | 浇混凝土 | | | | | ① | ② | ③ | ⑤ | | | | |
| 二 | 绑钢筋 | | | | | $Z$=4d | | ① | ② | ③ | ④ | ⑤ | |
| | 支模板 | | | | | | | | ① | ② | ③ | ④ | ⑤ |
| | 浇混凝土 | | | | | | | | | ① | ② | ③ | ④ | ⑤ |

图 2-5 流水施工进展情况($m>n$)

| 施工层 | 施工过程 | 施工进度/d | | | | | | | |
|---|---|---|---|---|---|---|---|---|---|
| | | 2 | 4 | 6 | 8 | 10 | 12 | 14 | 16 |
| 一 | 绑钢筋 | ① | ② | ③ | | | | | |
| | 支模板 | | ① | ② | ③ | | | | |
| | 浇混凝土 | | | ① | ② | ③ | | | |
| 二 | 绑钢筋 | | | | ① | ② | ③ | | |
| | 支模板 | | | | | ① | ② | ③ | |
| | 浇混凝土 | | | | | | ① | ② | ③ |

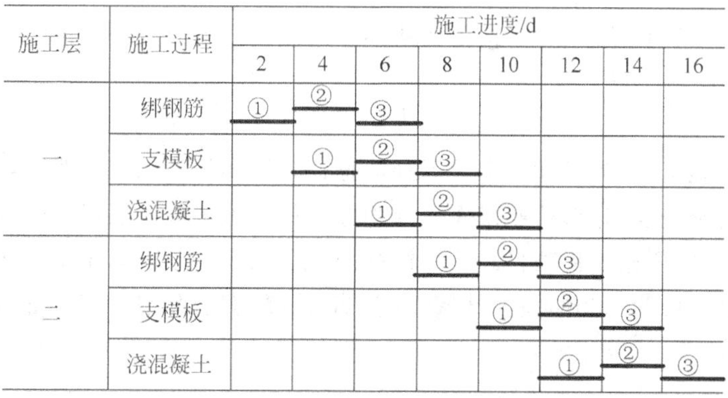

图 2-6 流水施工进展情况($m=n$)

（3）取施工段数目 $m=2$，$n=3$，$m<n$。施工进度表如图 2-7 所示，各专业工作队在完成第一施工层第二施工段的任务后，不能连续地进入第二施工层继续施工。这是由于一个施工段只能给一个专业工作队提供工作面，所以在施工段数目小于施工过程数的情况下，超出施工段数的专业工作队就会因为没有工作面而停工。从施工段上专业工作队的作业情况来看，从第一层第一施工段完成所有三个施工过程到第二层第一施工段开始作业之间没有空闲时间，相应地，其他施工段也紧密衔接。由此可见，当 $m<n$ 时，流水施工呈现出的特点

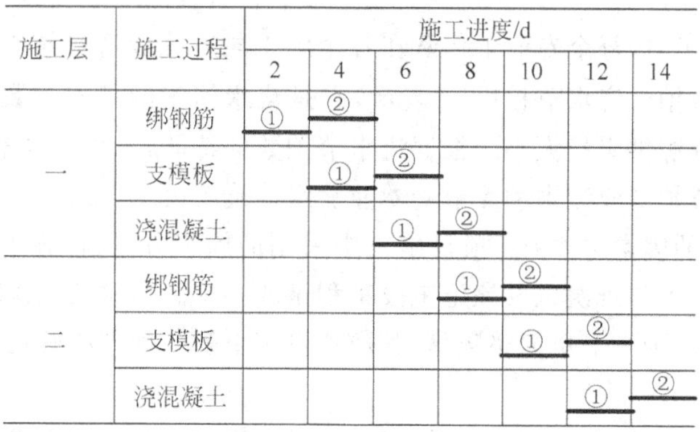

| 施工层 | 施工过程 | 施工进度/d | | | | | | |
|---|---|---|---|---|---|---|---|---|
| | | 2 | 4 | 6 | 8 | 10 | 12 | 14 |
| 一 | 绑钢筋 | ① | ② | | | | | |
| | 支模板 | | ① | ② | | | | |
| | 浇混凝土 | | | ① | ② | | | |
| 二 | 绑钢筋 | | | ① | ② | | | |
| | 支模板 | | | | ① | ② | | |
| | 浇混凝土 | | | | | ① | ② | |

图 2-7 流水施工进展情况($m<n$)

是：各专业工作队在跨越施工层时，均不能连续施工而产生窝工，施工段没有闲置。但特殊情况下，施工段也会出现空闲，以致造成大多数专业工作队停工。因一个施工段只供一个专业工作队施工，这样，超过施工段数的专业工作队就因无工作面而停止。在图 2-7 中，支模板工作队完成第一层的施工任务后，要停工 2 天才能进行第二层第一段的施工，其他队组同样也要停工 2 天，因此，工期延长了。这种情况对有数幢同类型建筑物的工程，可通过组织各建筑物之间的大流水施工来避免上述停工现象的出现；但对单一建筑物的流水施工是不适宜的，应加以杜绝。

从上面的三种情况可以看出，施工段数的多少，直接影响工期的长短，而且要想保证专业工作队能够连续施工，必须满足公式

$$m \geqslant n \tag{2-4}$$

应该指出，当无层间关系或无施工层（如某些单层建筑物、基础工程等）时，则施工段数不受式（2-3）和式（2-4）的限制，可按前面所述划分施工段的原则进行确定。

### 3. 施工层

在组织流水施工时，为了满足专业工种对操作高度和施工工艺的要求，将拟建工程项目在竖向划分为若干个操作层，这些操作层称为施工层。施工层一般以 $j$ 表示。

施工层的划分，要按工程项目的具体情况，根据建筑物的高度、楼层来确定。如砌筑工程的施工层高度一般为 1.2m，室内抹灰、木装饰、油漆、玻璃和水电安装等，可按楼层进行施工层划分。

### 2.2.3　时间参数

在组织流水施工时，用以表达流水施工在时间排列上所处状态的参数，称为时间参数，包括流水节拍、流水步距、技术间歇时间、组织间歇时间和平行搭接时间五种。

#### 1. 流水节拍

在组织流水施工时，每个专业工作队在各个施工段上完成各自施工过程所必需的持续时间，均称为流水节拍。流水节拍以 $t_i$ 表示，它是流水施工的基本参数之一。流水节拍反映流水速度快慢、资源供应量大小。根据流水节拍数值特征，一般流水施工又区分为：等节拍专业流水、成倍节拍专业流水和无节奏专业流水等施工组织方式。

影响流水节拍的因素主要有：项目施工中采用的施工方案、各施工段投入的劳动力人数或施工机械台数、工作班次以及该施工段工程量的多少。为避免工作队转移时浪费工时，流水节拍在数值上应为半个班的整数倍，其数值可按下列各种方法确定。

1）定额计算法

根据各施工段的工程量、能够投入的资源量（工人数、机械台数和材料量等），按式（2-5）进行计算：

$$t_i^j = \frac{Q_i^j}{S_i^j R_i^j N_i^j} = \frac{Q_i^j \cdot H_i^j}{R_i^j \cdot N_i^j} = \frac{P_i^j}{R_i^j \cdot N_i^j} \qquad (2\text{-}5)$$

式中：$t_i^j$——专业工作队 $j$ 在第 $i$ 施工段的流水节拍；

$Q_i^j$——专业工作队 $j$ 在第 $i$ 施工段要完成的工作量；

$S_i^j$——专业工作队 $j$ 的计划产量定额；

$R_i^j$——专业工作队 $j$ 投入的工人数或机械台数；

$H_i^j$——专业工作队 $j$ 的计划时间定额；

$N_i^j$——专业工作队 $j$ 的工作班次；

$P_i^j$——专业工作队 $j$ 在第 $i$ 施工段的劳动量或机械台班数量。

计划产量定额和计划时间定额最好按照项目经理部的实际水平计算。

2）经验估算法

经验估算法是根据以往的施工经验进行估算的计算方法。一般为了提高其准确程度，往往先估算出该流水节拍的最长、最短和正常（即最可能）三种时间，然后据此求出期望时间，作为专业工作队在某施工段上的流水节拍。因此，本法也称为三种时间估算法。一般按式（2-6）进行计算：

$$t_i^j = \frac{a_i^j + 4c_i^j + b_i^j}{6} \qquad (2\text{-}6)$$

式中：$t_i^j$——施工过程 $j$ 在施工段 $i$ 上的流水节拍；

$a_i^j$——施工过程 $j$ 在施工段 $i$ 上的最短估算时间；

$b_i^j$——施工过程 $j$ 在施工段 $i$ 上的最长估算时间；

$c_i^j$——施工过程 $j$ 在施工段 $i$ 上的正常估算时间。

这种方法多适用于采用新工艺、新方法和新材料等没有定额可循的工程。

3）工期计算法

对某些施工任务在规定日期内必须完成的工程项目，往往采用倒排进度法，具体步骤如下：

（1）根据工期倒排进度，确定施工过程的工作延续时间。

（2）确定施工过程在某施工段上的流水节拍。若同一施工过程的流水节拍不等，则用估算法；若流水节拍相等，则按式（2-7）进行计算：

$$t_j = \frac{T_j}{m_j} \qquad (2\text{-}7)$$

式中：$t_j$——施工过程流水节拍；

$T_j$——施工过程的工作持续时间；

$m_j$——施工过程的施工段数。

**2. 流水步距**

在组织项目流水施工时，相邻两个专业工作队在保证施工顺序、满足连续施工、最大限度搭接和保证工程质量要求的条件下，相继投入施工的最小时间间隔，称为流水步距。流水步距以 $K_{j,j+1}$ 表示，它是流水施工基本参数之一。在施工段不变的情况下，流水步距越大，工期越长。若有 $n$ 个施工过程，则有 $n-1$ 个流水步距。每个流水步距的值是由相邻两个施工过程在各施工段上的流水节拍值确定的。

1) 确定流水步距的原则

(1) 流水步距要满足相邻两个专业工作队在施工顺序上的相互制约关系。

(2) 流水步距要保证相邻两个专业工作队在各个施工段上都能够连续作业。

(3) 流水步距要保证相邻两个专业工作队在开工时间上实现最大限度和合理的搭接。

(4) 流水步距的确定要保证工程质量,满足安全生产。

2) 确定流水步距的方法

流水步距计算方法很多,简捷实用的方法主要有:图上分析法、分析计算法和潘特考夫斯基法等。本书仅介绍潘特考夫斯基法。潘特考夫斯基法,也称最大差法,即累加数列错位相减取其最大差。此法在计算等节奏、无节奏的专业流水中较为简捷、准确。其计算步骤如下:

(1) 根据专业工作队在各施工段上的流水节拍,求累加数列;

(2) 根据施工顺序,对所求相邻的两累加数列,错位相减;

(3) 根据错位相减的结果,确定相邻专业工作队之间的流水步距,即相减结果中数值最大者。

【例 2-3】 某工程由四个施工过程组成,它们分别由专业工作队 Ⅰ、Ⅱ、Ⅲ、Ⅳ 完成。该工程在平面上划分为 A、B、C、D 4 个施工段,每个专业工作队在各个施工段上的流水节拍如表 2-2 所列。试确定专业工作队之间的流水步距。

表 2-2　各施工过程流水节拍

| 施工段<br>施工过程 | A | B | C | D |
|---|---|---|---|---|
| Ⅰ | 2 | 1 | 3 | 5 |
| Ⅱ | 2 | 2 | 4 | 4 |
| Ⅲ | 3 | 2 | 4 | 4 |
| Ⅳ | 4 | 3 | 3 | 4 |

【解】

(1) 求各专业工作队的累加数列

Ⅰ:2,3,6,11

Ⅱ:2,4,8,12

Ⅲ:3,5,9,13

Ⅳ:4,7,10,14

(2) 错位相减

Ⅰ与Ⅱ

$$
\begin{array}{rrrrr}
2, & 3, & 6, & 11 & \\
- & 2, & 4, & 8, & 12 \\
\hline
2, & 1, & 2, & 3, & -12
\end{array}
$$

Ⅱ与Ⅲ

$$
\begin{array}{rrrrr}
2, & 4, & 8, & 12 & \\
- & 3, & 5, & 9, & 13 \\
\hline
2, & 1, & 3, & 3, & -13
\end{array}
$$

Ⅲ 与 Ⅳ

$$
\begin{array}{rrrrr}
3, & 5, & 9, & 13 & \\
- & 4, & 7, & 10, & 14 \\
\hline
3, & 1, & 2, & 3, & -14
\end{array}
$$

（3）确定流水步距

因流水步距等于错位相减所得结果中数值最大者，所以

$$K_{\text{Ⅰ},\text{Ⅱ}} = \max\{2,1,2,3,-12\} = 3\text{d}$$

$$K_{\text{Ⅱ},\text{Ⅲ}} = \max\{2,1,3,3,-13\} = 3\text{d}$$

$$K_{\text{Ⅲ},\text{Ⅳ}} = \max\{3,1,2,3,-14\} = 3\text{d}$$

**3. 平行搭接时间**

在组织流水施工时，有时为了缩短工期，在工作面允许的前提下，如果前一个专业工作队完成部分施工任务后，能够提前为后一个专业工作队提供工作面，使后者提前进入该施工段，因而两者在同一施工段上平行搭接施工，这个平行搭接的时间，称为相邻两个专业工作队之间的平行搭接时间，以 $C_{j,j+1}$ 表示。

**4. 技术间歇时间**

在组织流水施工时，除要考虑专业工作队之间的流水步距外，有时根据建筑材料或现浇构件的工艺性质，还要考虑合理的工艺等待时间，称为技术间歇时间，并以 $Z_{j,j+1}$ 表示。如现浇混凝土构件养护时间、抹灰层和油漆层的干燥硬化时间等。

**5. 组织间歇时间**

在组织流水施工时，由于施工技术或施工组织原因而造成的流水步距以外增加的间歇时间，称为组织间歇时间，并以 $G_{j,j+1}$ 表示。如回填土前地下管道检查验收、施工机械转移和砌砖墙前墙身位置弹线以及其他作业前准备工作。

在组织流水施工时，项目经理部对技术间歇和组织间歇时间，可根据项目施工中的具体情况分别考虑或统一考虑。但两者的概念、内容和作用是不同的，必须结合具体情况灵活处理。

# 2.3 等节拍专业流水

专业流水是指在项目施工中，为生产某一建筑产品或其组成部分的主要专业工种，按照流水施工基本原理组织项目施工的方式。根据各施工过程时间参数的不同特点，专业流水

分为有节奏专业流水和无节奏专业流水两种形式。其中,有节奏专业流水又分为等节拍专业流水和成倍节拍专业流水两类。

等节拍专业流水是指在组织流水施工时,所有的施工过程在各个施工段上的流水节拍都彼此相等,这种流水施工组织方式称为等节拍专业流水,也称固定节拍流水或全等节拍流水。

## 2.3.1　基本特点

(1) 流水节拍都彼此相等,即 $t_i^j = t$($t$ 为常数)。

(2) 流水步距都彼此相等,而且等于流水节拍,即 $K_{j,j+1} = K = t$。

(3) 每个专业工作队都能够连续作业,施工段没有间歇时间。

(4) 专业工作队数目等于施工过程数目,即 $n_1 = n$。

等节拍专业流水施工一般只适用于施工对象结构简单、工程规模较小,施工过程数不多的房屋工程或线性工程,如道路工程、管道工程等。由于等节拍专业流水施工的流水节拍和流水步距是定值,局限性较大,且建筑工程多数施工较为复杂,因而在实际建筑工程中采用这种组织方式的并不多见,通常只用于一个分部工程的流水施工中。

## 2.3.2　组织步骤

(1) 确定项目施工起点流向,分解施工过程。

(2) 确定施工顺序,划分施工段。

(3) 按等节拍专业流水要求,确定流水节拍数值。

(4) 确定流水步距,即 $K = t$。

(5) 计算流水施工的工期。

(6) 绘制流水施工水平指示图表。

## 2.3.3　工期计算

流水施工的工期是指从第一个施工过程开始施工,到最后一个施工过程结束施工的全部持续时间。对于所有施工过程都采取流水施工的工程项目,流水施工工期即为工程项目的施工工期。等节拍专业流水施工的工期计算分为两种情况。

### 1. 不分层施工

$$T = (m + n - 1)K + \sum Z_{j,j+1} + \sum G_{j,j+1} - \sum C_{j,j+1} \tag{2-8}$$

式中：$T$——流水施工工期；

$K$——流水步距；

$m$——施工段数目；

$j$——施工过程编号，$1 \leqslant j \leqslant n$；

$n$——施工过程数目；

$Z_{j,j+1}$——$j$ 和 $j+1$ 两施工过程的技术间歇时间；

$G_{j,j+1}$——$j$ 和 $j+1$ 两施工过程的组织间歇时间；

$C_{j,j+1}$——$j$ 和 $j+1$ 两施工过程的平行搭接时间。

**2. 分层施工**

等节拍专业流水施工不分施工层时，施工段数目按照工程实际情况划分即可。当分施工层进行流水施工时，为了保证在跨越施工层时，专业工作队能连续施工而不产生窝工现象，施工段数目的最小值 $m_{min}$ 应满足相关要求。

（1）无技术间歇和组织间歇时间时，$m_{min} = n$。

（2）有技术间歇和组织间歇时间时，为保证专业工作队能连续施工，应取 $m > n$，此时，每层施工段空闲数为 $m-n$，每层空闲时间则为

$$(m-n) \cdot t = (m-n) \cdot K$$

若一个楼层内各施工过程间的技术间歇和组织间歇时间之和为 $Z_1$，楼层间的技术间歇和组织间歇时间之和为 $Z_2$，为保证专业工作队能连续施工，则

$$(m-n) \cdot K = Z_1 + Z_2$$

由此，可得出每层的施工段数目 $m_{min}$ 应满足

$$m_{min} = n + (Z_1 + Z_2 - C)/K \tag{2-9}$$

式中：$K$——流水步距；

$Z_1$——施工层内各施工过程间的技术间歇时间和组织间歇时间之和，即

$$Z_1 = Z_{j,j+1} + G_{j,j+1}$$

$Z_2$——施工层间的技术间歇时间和组织间歇时间之和；

其他符号含义同前。

如果每层的 $Z_1$ 并不均等，各层间的 $Z_2$ 也不均等时，应取各层中最大的 $Z_1$ 和 $Z_2$，则式（2-9）改为

$$m_{min} = n + (\max Z_1 + \max Z_2 - C)/K \tag{2-10}$$

分施工层组织等节拍专业流水施工时，其流水施工工期可按式（2-11）计算：

$$T = (m \cdot r + n - 1)K + Z_1 - \sum C_{j,j+1} \tag{2-11}$$

式中：$r$——施工层数目；

$Z_1$——第一施工层内各施工过程间的技术间歇时间和组织间歇时间之和。

从流水施工工期的计算公式中可以看出，施工层数越多，施工工期越长；技术间歇时间和组织间歇时间的存在，也会使施工工期延长；在工作面和资源供应能保证的条件下，一个专业工作队能够提前进入这一施工段，在空出的工作面上进行作业，这样产生的搭接时间可

以缩短施工工期。

【**例 2-4**】 某分部工程由Ⅰ、Ⅱ、Ⅲ和Ⅳ 4 个施工过程组成,划分为 4 个施工段,流水节拍均为 3d,施工过程Ⅱ、Ⅲ有技术间歇时间 2d,施工过程Ⅲ、Ⅳ之间相互搭接 1d。试确定流水步距,计算工期,并绘制流水施工进度计划表。

【**解**】 因为流水节拍均等,属于等节拍专业流水施工。

(1) 确定流水步距

$$K = t = 3\text{d}$$

(2) 计算工期

$$\sum Z_{j,j+1} = 2\text{d}, \quad \sum C_{j,j+1} = 1\text{d}$$

由公式(2-8): $T = (m+n-1)K + \sum Z_{j,j+1} + \sum G_{j,j+1} - \sum C_{j,j+1}$

$$= (4+4-1) \times 3 + 2 - 1$$

$$= 22\text{d}$$

(3) 绘制流水施工进度计划表(见图 2-8)

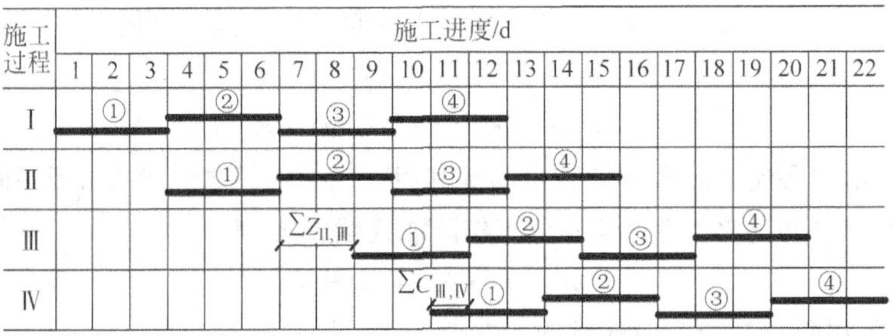

图 2-8　流水施工进度计划表

【**例 2-5**】 某工程项目由Ⅰ、Ⅱ、Ⅲ、Ⅳ 4 个施工过程组成,划分为 2 个施工层组织流水施工,施工过程Ⅰ完成后需养护 1d,下一个施工过程才能开始施工,且层间技术间歇时间为 1d,流水节拍均为 2d。试确定施工段数目,计算工期,并绘制流水施工进度计划表。

【**解**】 因为流水节拍均等,属于等节拍专业流水施工。

(1) 确定流水步距

$$K = t = 2\text{d}$$

(2) 确定施工段数目

因分层组织流水施工,各施工层内各施工过程间的间歇时间之和为 $Z_1 = 1\text{d}$,一、二层之间间歇时间为 $Z_2 = 1\text{d}$,施工段数目最小值为

$$m_{\min} = n + (Z_1 + Z_2 - C)/K = 4 + 2/2 = 5 \text{ 段}$$

取 $m = 5$

(3) 计算工期

$$T = (m \cdot r + n - 1) \cdot K + Z_1 - \sum C_{j,j+1}$$

$$= (5 \times 2 + 4 - 1) \times 2 + 1$$

$$= 27\text{d}$$

（4）绘制流水施工进度计划表（图2-9）

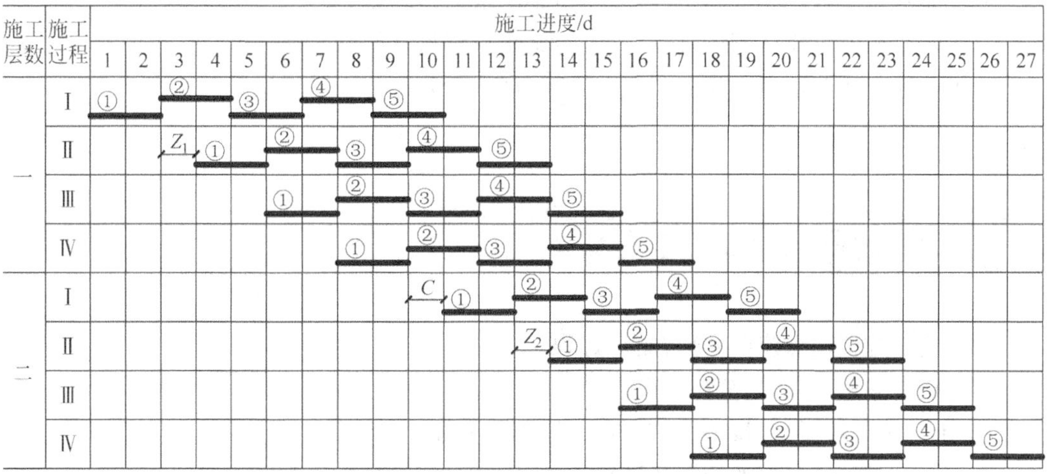

图2-9 流水施工进度计划表

# 2.4 成倍节拍专业流水

在组织流水施工时，由于在同一施工段上的工作面固定，不同施工过程的施工性质、复杂程度各不相同，从而使得其流水节拍很难完全相等，不能形成等节拍流水施工。但是，如果施工段划分得恰当，可以使同一施工过程在各个施工段上的流水节拍均相等。这种各施工过程的流水节拍均相等而不同施工过程之间的流水节拍不尽相等的流水施工组织方式属于异节奏流水施工。

在异节奏流水施工中，当同一施工过程在各个施工段上的流水节拍彼此相等，且不同施工过程的流水节拍为某一数的不同整数倍时，为加快流水施工速度，每个施工过程均按其节拍的倍数关系成立相应数目的专业工作队，这样便构成了一个工期短的流水施工方案，组织这些专业工作队进行流水施工的方式，即为异节奏等步距流水施工，也叫做成倍节拍专业流水施工。

## 2.4.1 基本特点

（1）同一施工过程在各个施工段上的流水节拍都彼此相等，不同施工过程在同一施工段上的流水节拍之间存在一个最大公约数。

（2）流水步距彼此相等，且等于流水节拍的最大公约数。

（3）各个专业工作队都能够连续作业，施工段都没有间歇时间。

（4）专业工作队数目大于施工过程数目，即 $n_1 \geqslant n$。

## 2.4.2 建立步骤

（1）确定施工起点流向，分解施工过程。

（2）确定施工顺序，划分施工段。

① 不分施工层时，可按划分施工段的原则划分施工段。

② 分施工层时，每层的施工段数可按式（2-12）划分确定：

$$m = n_1 + \frac{\max Z_1}{K_b} + \frac{\max Z_2}{K_b} \tag{2-12}$$

式中：$n_1$——专业工作队总数；

　　　$K_b$——成倍节拍流水的流水步距；

　　　$Z_1$——一个施工层内各施工过程之间的技术间歇时间、组织间歇时间之和；

　　　$Z_2$——相邻两个施工层间的技术间歇时间、组织间歇时间之和。

（3）按成倍节拍专业流水要求，确定各施工过程的流水节拍。

（4）确定成倍节拍专业流水的流水步距。按式（2-13）计算：

$$K_b = 最大公约数\{各个流水节拍\} \tag{2-13}$$

（5）确定专业工作队数目，按式（2-14）计算：

$$\begin{cases} b_j = t_i^j / K_b \\ n_1 = \sum_{j=1}^{n} b_j \end{cases} \tag{2-14}$$

（6）确定计划工期，按式（2-15）计算：

$$T = (m \cdot r + n_1 - 1)K_b + Z_1 - \sum C_{j,j+1} \tag{2-15}$$

（7）绘制流水施工水平指示图表。

**【例 2-6】** 某工程项目由 3 个分项工程组成，其流水节拍分别为 $t_i^{\mathrm{I}} = 2\mathrm{d}, t_i^{\mathrm{II}} = 6\mathrm{d}, t_i^{\mathrm{III}} = 4\mathrm{d}$，试编制成倍节拍专业流水施工方案。

**【解】**

（1）按式（2-13）计算确定流水步距得

$$K_b = 最大公约数\{6,4,2\} = 2\mathrm{d}$$

（2）按式（2-14）确定专业工作队数目

$$b_1 = t_i^{\mathrm{I}} / K_b = 2/2 = 1$$

$$b_{\mathrm{II}} = t_i^{\mathrm{II}} / K_b = 6/2 = 3$$

$$b_{\text{Ⅲ}} = t_i^{\text{Ⅲ}}/K_b = 4/2 = 2$$

所以 $n_1 = \sum_{j=1}^{3} b_j = 3 + 2 + 1 = 6$

（3）求施工段数

为了使各专业工作队都能连续工作，取

$$m = n_1 = 6$$

（4）确定计划总工期

按式（2-15）得

$$T = (m \cdot r + n_1 - 1)K_b + Z_1 - \sum C_{j,j+1} = (6 + 6 - 1) \times 2 = 22\text{d}$$

（5）绘制水平指示图表（图 2-10）

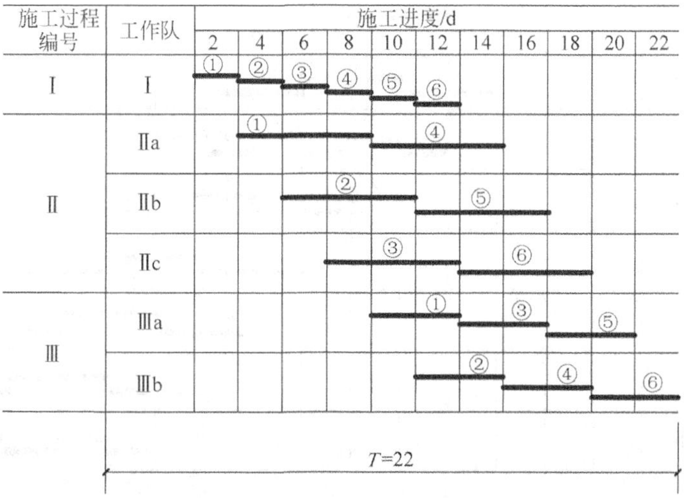

| 施工过程编号 | 工作队 | 施工进度/d |
|---|---|---|

图 2-10 异节奏等步距流水施工进度

【例 2-7】 某两层现浇钢筋混凝土工程，分为安装模板、绑扎钢筋和浇筑混凝土 3 个施工过程。已知各施工过程在每层每个施工段上的流水节拍分别为：$t_{\text{模}} = 2\text{d}$，$t_{\text{扎}} = 2\text{d}$，$t_{\text{浇}} = 1\text{d}$。当安装模板工作队转移到第二结构层的第一施工段时，需待第一层第一施工段的混凝土养护 1d 后才能进行施工。在保证各工作队连续施工的条件下，求该工程每层最少的施工段数，并绘制流水施工进度计划表。

【解】 根据要求，本工程宜采用成倍节拍专业流水施工方式组织施工。

（1）确定流水步距

$$K_b = \text{最大公约数}\{2,2,1\} = 1\text{d}$$

（2）计算专业工作队数目

$$b_{\text{模}} = 2/1 = 2$$
$$b_{\text{扎}} = 2/1 = 2$$
$$b_{\text{浇}} = 1/1 = 1$$

计算专业工作队总数目 $n_1 = \sum_{j=1}^{3} b_j = 2 + 2 + 1 = 5$

（3）确定每层的施工段数目

$$m = n_1 + \frac{\max Z_1}{K_b} + \frac{\max Z_2}{K_b} = 5 + 1/1 = 6$$

（4）计算工期

$$T = (m \cdot r + n_1 - 1)K_b = (6 \times 2 + 5 - 1) \times 1 = 16\text{d}$$

（5）绘制流水施工进度计划表（图 2-11）

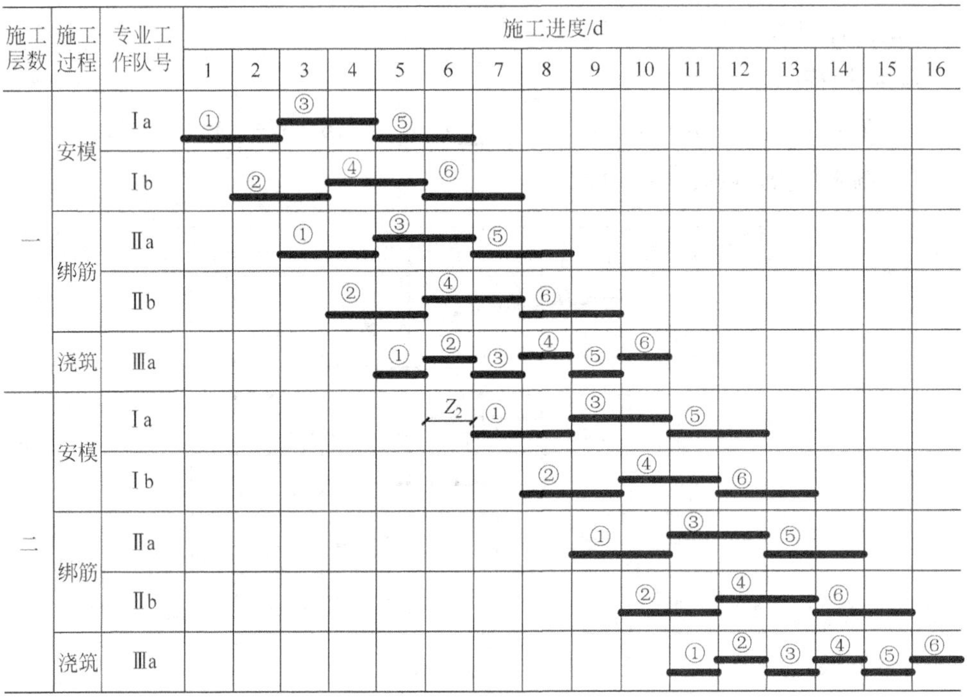

图 2-11　流水施工进度计划图表

# 2.5　无节奏专业流水

在项目实际施工中，通常每个施工过程在各个施工段上的工程量彼此不相等，各个专业工作队的生产效率相差悬殊，造成大多数的流水节拍彼此不相等，不可能组织成等节拍专业流水或成倍节拍专业流水。在这种情况下，往往利用流水施工的基本概念，在保证施工工艺、满足施工顺序要求的前提下，按照一定的计算方法，确定相邻专业工作队之间的流水步距，使相邻两个专业工作队在开工时间上最大限度地、合理地搭接起来，形成每个专业工作队都能够连续作业的流水施工方式。这种流水施工组织方式称为无节奏专业流水（亦称为分别流水),是流水施工的普遍形式。

## 2.5.1 基本特点

(1) 各个施工过程在各个施工段上的流水节拍,通常不相等。

(2) 在多数情况下,流水步距彼此不相等,而且流水步距与流水节拍之间存在着某种函数关系。

(3) 每个专业工作队都能够连续作业,个别施工段可能有间歇时间。

(4) 专业工作队数目等于施工过程数目,即 $n_1 = n$。

## 2.5.2 组织步骤

(1) 确定施工起点流向,分解施工过程。

(2) 确定施工顺序,划分施工段。

(3) 计算每个施工过程在各个施工段上的流水节拍。

(4) 按一定的方法确定相邻两个专业工作队之间的流水步距。

(5) 按式(2-16)计算流水施工的计划工期:

$$T = \sum_{j=1}^{n-1} K_{j,j+1} + \sum_{i=1}^{m} t_i^{zh} + \sum Z + \sum G - \sum C_{j,j+1}$$

$$\sum Z = \sum Z_{j,j+1} + \sum Z_{k,k+1}$$

$$\sum G = \sum G_{j,j+1} + \sum G_{k,k+1} \tag{2-16}$$

式中: $T$——流水施工的计算工期;

$K_{j,j+1}$—— $j$ 与 $j+1$ 专业工作队之间的流水步距;

$t_i^{zh}$——最后一个施工过程在第 $i$ 个施工段上的流水节拍;

$\sum Z$—— 技术间歇时间的总和;

$\sum Z_{j,j+1}$—— $j$ 与 $j+1$ 相邻两专业工作队之间的技术间歇时间之和($1 \leqslant j \leqslant n-1$);

$\sum Z_{k,k+1}$—— 相邻两施工层间的技术间歇时间之和($1 \leqslant k \leqslant r-1$);$r$ 为施工层数,
不分层时;$r=1$,分层时,$r=$实际施工层数;

$\sum G$—— 组织间歇时间之和;

$\sum G_{j,j+1}$—— $j$ 与 $j+1$ 相邻两专业工作队之间的组织间歇时间之和($1 \leqslant j \leqslant n-1$);

$\sum G_{k,k+1}$—— 相邻两施工层间的组织间歇时间之和($1 \leqslant k \leqslant r-1$);

$\sum C_{j,j+1}$—— $j$ 与 $j+1$ 相邻两专业工作队之间的平行搭接时间之和($1 \leqslant j \leqslant n-1$)。

(6) 绘制流水施工水平指示图表。

【例 2-8】 某项目经理部拟承建一工程,该工程由 Ⅰ、Ⅱ、Ⅲ、Ⅳ、Ⅴ 5 个施工过程组成。该工程在平面上划分成 4 个施工段,每个施工过程在各个施工段上的流水节拍如表 2-3 所示。规定施工过程且完成后,其相应施工段至少要养护 2d;施工过程Ⅳ完成后,其相应施工段要留 1d 的准备时间。为了尽早完工,允许施工过程 Ⅰ、Ⅱ 之间搭接施工 1d。试编制流水施工方案。

表 2-3 流水节拍表

| 施工段<br>施工过程 | ① | ② | ③ | ④ |
|---|---|---|---|---|
| Ⅰ | 3 | 2 | 2 | 4 |
| Ⅱ | 1 | 3 | 5 | 3 |
| Ⅲ | 2 | 1 | 3 | 5 |
| Ⅳ | 4 | 2 | 3 | 3 |
| Ⅴ | 3 | 4 | 2 | 1 |

【解】 根据题设条件,该工程只能组织无节奏专业流水

(1) 求流水节拍的累加数列

Ⅰ:3,5,7,11

Ⅱ:1,4,9,12

Ⅲ:2,3,6,11

Ⅳ:4,6,9,12

Ⅴ:3,7,9,10

(2) 确定流水步距

① $K_{Ⅰ,Ⅱ}$

$$
\begin{array}{rrrrr}
 & 3, & 5, & 7, & 11 \\
- & & 1, & 4, & 9, & 12 \\
\hline
 & 3, & 4, & 3, & 2, & -12
\end{array}
$$

$$K_{Ⅰ,Ⅱ} = \max\{3,4,3,2,-12\} = 4d$$

② $K_{Ⅱ,Ⅲ}$

$$
\begin{array}{rrrrr}
 & 1, & 4, & 9, & 12 \\
- & & 2, & 3, & 6, & 11 \\
\hline
 & 1, & 2, & 6, & 6, & -11
\end{array}
$$

$$K_{Ⅱ,Ⅲ} = \max\{1,2,6,6,-11\} = 6d$$

③ $K_{Ⅲ,Ⅳ}$

$$
\begin{array}{rrrrr}
 & 2, & 3, & 6, & 11 \\
- & & 4, & 6, & 9, & 12 \\
\hline
 & 2, & -1, & 0, & 2, & -12
\end{array}
$$

$$K_{Ⅲ,Ⅳ} = \max\{2,-1,0,2,-12\} = 2d$$

④ $K_{IV,V}$

$$
\begin{array}{rrrrr}
4, & 6, & 9, & 12 & \\
- & 3, & 7, & 9, & 10 \\
\hline
4, & 3, & 2, & 3, & -10
\end{array}
$$

$$K_{IV,V} = \max\{4,3,2,3,-10\} = 4d$$

（3）确定计划工期

由已知条件可知：

$Z_{II,III} = 2d, G_{IV,V} = 1d, C_{I,II} = 1d$，由式（2-16）得

$$T = (4+6+2+4)+(3+4+2+1)+2+1-1 = 28d$$

（4）绘制流水施工水平指示图表（图 2-12）

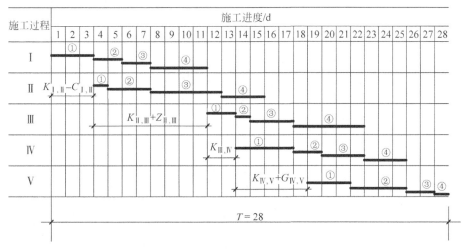

图 2-12　流水施工进度图

综上所述，可以看到：

（1）三种流水施工组织方式，在一定条件下可以相互转化。

（2）为缩短计算总工期，可以采用增加作业班次、缩小流水节拍、扩大某些施工过程组合范围、减少施工过程数目以及组织成倍节拍专业流水施工方式组织施工等方法。

（3）在特殊情况下，为保证相应专业工作队不产生窝工现象，应在其流水施工范围之外，设置平衡施工的"缓冲工程"，以缩短计算总工期。

# 思 考 题

1. 三种施工组织方式分别有哪些特点？
2. 流水施工的工艺参数、时间参数和空间参数有哪些？各是什么含义？

3. 说明等节拍专业流水施工方式的概念和建立步骤。

4. 说明成倍节拍专业流水施工方式的概念和建立步骤。

5. 说明无节奏专业流水施工方式的概念和建立步骤。

6. 某工程施工过程数 $n=3$，施工段数 $m=6$，各施工过程的流水节拍分别为 $K_1=6d$，$K_2=4d$，$K_3=2d$，不考虑间歇时间，请组织流水施工，计算总工期并绘出施工进度横道图。

# 第3章

## 网络计划技术

## 3.1 概　　述

网络计划技术是一种有效的系统分析和优化技术,它来源于工程技术和管理实践,广泛地应用于军事、航天和工程管理、科学研究等各个领域,并在保证和缩短工期、降低成本、提高效率等优化方面取得了显著的成效。除国防科研领域外,我国引进和应用网络计划理论以土木建筑工程建设领域最早,并且在有组织地推广、总结和研究这一理论方面的历史也很长。

### 3.1.1　网络计划的产生与发展

20世纪50年代,在美国相继研究并使用了两种进度计划管理方法,即关键线路法(critical path method,CPM)和计划评审技术(program evaluation and review technique,PERT)。我国从20世纪60年代中期,在华罗庚教授倡导下,开始应用网络计划技术。1992年颁布了《工程网络计划技术规程》(JGJ/T 1001—1991),又于1999年重新修订和颁布了《工程网络计划技术规程》(JGJ/T 121—1999)。该规程的重新修订和颁布,使得工程网络技术在计划编制和控制管理的实际应用中有了一个可以遵循的、统一的技术标准。

网络计划技术的优点如下:能全面而明确地反映出各工序之间相互制约和相互依赖的关系,清楚地看出全部施工过程在计划中是否合理。网络计划可以通过时间参数计算,能够在工作繁多、错综复杂的计划中,找出影响工程进度的关键工作;便于管理人员集中精力抓住施工中的主要矛盾,确保按期竣工,避免盲目抢工。通过利用网络计划中反映出来的各工作的机动时间,可以更好地运用和调配人力与设备,节约人力、物力,达到降低成本的目的。通过对计划的优劣比较,可在若干可行性方案中选择最优方案。网络计划执行过程中,由于可通过时间参数计算预先知道各工作提前或推迟完成对整个计划的影响程度,管理人员可以采取技术组织措施对计划进行有效控制和监督,从而加强施工管理工作。可以利用电子计算机进行时间参数计算和优化、调整。网络计划的缺点是从图上很难清晰地看出流水作业的情况,也难以根据一般网络图算出人力及资源需要量的变化情况。

网络计划的基本原理是首先利用网络图的形式表达一项工程计划方案中各项工作之间的相互关系和先后顺序关系;其次,通过计算找出影响工期的关键工序和关键线路;接着,通过不断调整网络计划,寻求最优方案并付诸实施;最后,在计划实施过程中采取有效措施对其进行控制,以合理使用资源,高效、优质、低耗地完成预定任务。

随着科学技术的迅猛发展、管理水平的不断提高,网络计划技术也在不断发展,最近十几年欧美一些国家大力开展研究能够反映各种搭接关系的新型网络计划技术,取得了许多成果。搭接网络计划技术可以大大简化图形和计算工作,特别适用于庞大而复杂的计划。

## 3.1.2 网络计划的类型

国际上,工程网络计划有许多名称,如 CPM、PERT、CPA、MPM 等。工程网络计划的类型有如下几种不同的划分方法。

**1. 按工作持续时间的特点划分**

(1) 肯定型问题的网络计划;

(2) 非肯定型问题的网络计划;

(3) 随机网络计划。

**2. 按工作和事件在网络图中的表示方法划分**

(1) 事件网络:以节点表示事件的网络计划;

(2) 工作网络

① 以箭线表示工作的网络计划(我国《工程网络计划技术规程》JGJ/T 121—1999 称之为双代号网络计划);

② 以节点表示工作的网络计划(我国《工程网络计划技术规程》JGJ/T 121—1999 称之为单代号网络计划)。

**3. 按计划平面的个数划分**

(1) 单平面网络计划;

(2) 多平面网络计划(多阶网络计划,分级网络计划)。

**4. 按有无时间坐标分类**

(1) 时标网络计划:以时间坐标为尺度绘制的网络计划。

（2）非时标网络计划：不以时间坐标为尺度绘制的网络计划。

**5. 按工作衔接特点分类**

（1）普通网络计划：工作间关系按首尾衔接关系绘制，如单代号、双代号网络计划。

（2）搭接网络计划：按照各种规定的搭接时距绘制。

（3）流水网络计划：充分反映流水施工的特点。

美国较多使用双代号网络计划，欧洲则较多使用单代号搭接网络计划。我国《工程网络计划技术规程》JGJ/T 121—1999 推荐的常用的工程网络计划类型包括：

（1）双代号网络计划；

（2）单代号网络计划；

（3）双代号时标网络计划；

（4）单代号搭接网络计划。

# 3.2　双代号网络计划

## 3.2.1　双代号网络图的组成

双代号网络图是以箭线及其两端节点的编号表示工作的网络图，如图 3-1 所示。

**1. 箭线（工作）**

工作是泛指一项需要消耗人力、物力和时间的具体活动过程，包括工序、活动、作业。双代号网络图中，每一条箭线表示一项工作。箭线的箭尾节点 $i$ 表示工作的开始，箭线的箭头节点 $j$ 表示工作的完成。工作名称可标注在箭线上方，完成该工作所需要的持续时间可标注在箭线的下方，如图 3-2 所示。由于一项工作需用一条箭线和其箭尾与箭头处两个圆圈中的号码来表示，故称为双代号网络计划。

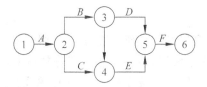

图 3-1　双代号网络图

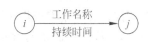

图 3-2　工作的表示方法

在双代号网络图中,任意一条实箭线都要占用时间,并多数要消耗资源。在建设工程中,一条箭线表示项目中的一个施工过程,它可以是一道工序、一个分项工程、一个分部工程或一个单位工程,其粗细程度和工作范围的划分根据计划任务的需要确定。

在双代号网络图中,为了正确地表达图中工作之间的逻辑关系,往往需要应用虚箭线。虚箭线是实际工作中并不存在的一项虚设工作,故它们既不占用时间,也不消耗资源,一般起工作之间的联系、区分和断路三个作用。

(1) 联系作用是指应用虚箭线正确表达工作之间相互依存的关系;

(2) 区分作用是指双代号网络图中每一项工作都必须用一条箭线和两个代号表示,若两项工作的代号相同时,应使用虚工作加以区分;

(3) 断路作用是用虚箭线断掉多余关系,即在网络图中把无联系的工作连接上时,应加上虚工作将其断开。

在无时间坐标的网络图中,箭线的长度原则上可以任意画,其占用的时间以下方标注的时间参数为准。箭线可以为直线、折线或斜线,但其行进方向均应从左向右。在有时间坐标的网络图中,箭线的长度必须根据完成该工作所需持续时间的长短按比例绘制。

在双代号网络图中,通常将工作用 $i-j$ 表示。紧排在本工作之前的工作称为紧前工作,紧排在本工作之后的工作称为紧后工作,与之平行进行的工作称为平行工作。

### 2. 节点(又称结点、事件)

节点是网络图中箭线之间的连接点。在时间上节点表示指向某节点的工作全部完成后该节点后面的工作才能开始的瞬间,它反映前后工作的交接点。网络图中有三种类型的节点。

1) 起点节点

即网络图的第一个节点,它只有外向箭线(由节点向外指的箭线),一般表示一项任务或一个项目的开始。

2) 终点节点

即网络图的最后一个节点,它只有内向箭线(指向节点的箭线),一般表示一项任务或一个项目的完成。

3) 中间节点

即网络图中既有内向箭线,又有外向箭线的节点。

双代号网络图中,节点应用圆圈表示,并在圆圈内标注编号。一项工作应当只有唯一的一条箭线和相应的一对节点,且要求箭尾节点的编号小于其箭头节点的编号,即 $i<j$。网络图节点的编号顺序应从小到大,可不连续,但不允许重复。

### 3. 线路

网络图中从起始节点开始,沿箭头方向顺序通过一系列箭线与节点,最后达到终点节点的通路称为线路。在一个网络图中可能有很多条线路,线路中各项工作持续时间之和就是该线路的长度,即线路所需要的时间。一般网络图有多条线路,可依次用该线路上的节点代号来记述,网络图 3-1 中的线路有三条:①—②—③—⑤—⑥、①—②—④—⑤—⑥、①—②—③—④—⑤—⑥。

在各条线路中,有一条或几条线路的总时间最长,称为关键路线,一般用双线或粗线标注。其他线路长度均小于关键线路,称为非关键线路。

关键线路有如下性质:

(1) 关键线路的线路时间,代表整个网络计划的总工期。

(2) 关键线路上的工作称为关键工作,均无时间储备。

(3) 在同一网络计划中,关键线路至少有一条。

(4) 关键线路并不是一成不变的,在一定条件下,关键线路和非关键线路可以互相转化。

非关键线路有如下性质:

(1) 非关键线路的线路时间,仅代表该条线路的计划工期。

(2) 非关键线路上的工作除关键工作外,其余均为非关键工作。

(3) 非关键工作均有时间储备可利用。

(4) 非关键线路也不是一成不变的,比如由于计划管理人员疏忽,拖延了某些非关键工作的持续时间,非关键线路可能转化为关键线路。

**4. 逻辑关系**

网络图中工作之间相互制约或相互依赖的关系称为逻辑关系,它包括工艺关系和组织关系,在网络中均应表现为工作之间的先后顺序。

1) 工艺关系

生产性工作之间由工艺过程决定的,非生产性工作之间由工作程序决定的先后顺序称为工艺关系。

2) 组织关系

工作之间由于组织安排需要或资源(人力、材料、机械设备和资金等)调配需要而确定的先后顺序关系称为组织关系。

## 3.2.2 双代号网络图的绘制

网络图必须正确地表达整个工程或任务的工艺流程和各工作开展的先后顺序,以及它们之间相互依赖和相互制约的逻辑关系。因此,绘制网络图时必须遵循一定的基本规则和要求。

(1) 双代号网络图必须正确表达已确定的逻辑关系,网络图中常见的各种工作逻辑关系的表示方法见表 3-1。

(2) 网络图必须具有能够表明基本信息的明确标识,数字或字母均可。

(3) 工作或节点的字母代号或数字编号,在同一项任务的网络图中,不允许重复使用,或者说网络中不允许出现编号相同的不同工作。

(4) 双代号网络图中,不允许出现循环回路。所谓循环回路是指从网络图中的某一个节点出发,顺着箭线方向又回到了原来出发点的线路。

表 3-1　网络图中工作逻辑关系的表示方法

| 序号 | 工作之间的逻辑关系 | 网络图中表示方法 |
|---|---|---|
| 1 | $A$ 完成后进行 $B$ 和 $C$ | |
| 2 | $A$、$B$ 均完成后进行 $C$ | |
| 3 | $A$、$B$ 均完成后同时进行 $C$ 和 $D$ | |
| 4 | $A$ 完成后进行 $C$<br>$A$、$B$ 均完成后进行 $D$ | |
| 5 | $A$、$B$ 均完成后进行 $D$<br>$A$、$B$、$C$ 均完成后进行 $E$<br>$D$、$E$ 均完成后进行 $F$ | |
| 6 | $A$、$B$ 均完成后进行 $C$<br>$B$、$D$ 均完成后进行 $E$ | |
| 7 | $A$、$B$、$C$ 均完成后进行 $D$<br>$B$、$C$ 均完成后进行 $E$ | |
| 8 | $A$ 完成后进行 $C$<br>$A$、$B$ 均完成后进行 $D$<br>$B$ 完成后进行 $E$ | |
| 9 | $A$、$B$ 两项工作分成三个施工段，分段流水施工：$A_1$ 完成后进行 $A_2$、$B_1$，$A_2$、$B_1$ 均完成后进行 $B_2$，$A_2$ 完成后进行 $A_3$，$A_3$、$B_2$ 均完成后进行 $B_3$ | |

（5）双代号网络图中，在节点之间不能出现带双向箭头或无箭头的连线。

（6）双代号网络图中，不能出现没有箭头节点或没有箭尾节点的箭线。

（7）当双代号网络图的某些节点有多条外向箭线或多条内向箭线时，为使图形简捷，可使用母线法绘制(但应满足一项工作用一条箭线和相应的一对节点表示)，如图 3-3 所示。

（8）绘制网络图时，箭线不宜交叉。当交叉不可避免时，可用过桥法或指向法，如图 3-4 所示。

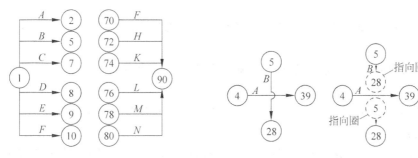

图 3-3 母线法绘图 　　　　　　　　 图 3-4 箭线交叉表示方法

（9）双代号网络图中应只有一个起点节点和一个终点节点（多目标网络计划除外），而其他所有节点均应是中间节点。

（10）双代号网络图应条理清楚，布局合理。例如，网络图中的工作箭线不宜画成任意方向或曲线形状，尽可能用水平线或斜线；关键线路、关键工作尽可能安排在图面中心位置，其他工作分散在两边；避免倒回箭头等。

## 3.2.3　双代号网络图时间参数的计算

双代号网络计划时间参数计算的目的在于通过计算各项工作的时间参数，确定网络计划的关键工作、关键线路和计算工期，为网络计划的优化、调整和执行提供明确的时间参数。双代号网络计划时间参数的计算方法很多，常用的有工作计算法和节点计算法。

**1. 工作计算法**

1）时间参数的概念及其符号

（1）工作持续时间（$D_{i-j}$）

工作持续时间是一项工作从开始到完成的时间。

（2）工期（$T$）

工期泛指完成任务所需要的时间，一般有以下三种：

① 计算工期，根据网络计划时间参数计算出来的工期，用 $T_c$ 表示；

② 要求工期，任务委托人所要求的工期，用 $T_r$ 表示；

③ 计划工期，根据要求工期和计算工期所确定的作为实施目标的工期，用 $T_p$ 表示。

网络计划的计划工期 $T_p$ 应按下列情况分别确定：

当已规定了要求工期时，

$$T_p \leqslant T_r \tag{3-1}$$

当未规定要求工期时，可令计划工期等于计算工期，即

$$T_p = T_c \tag{3-2}$$

（3）网络计划中工作的六个时间参数

① 最早开始时间（$ES_{i-j}$），是指在各紧前工作全部完成后，工作 $i$-$j$ 有可能开始的最早

时刻。

② 最早完成时间（$EF_{i-j}$），是指在各紧前工作全部完成后，工作 $i$-$j$ 有可能完成的最早时刻。

③ 最迟开始时间（$LS_{i-j}$），是指在不影响整个任务按期完成的前提下，工作 $i$-$j$ 必须开始的最迟时刻。

④ 最迟完成时间（$LF_{i-j}$），是指在不影响整个任务按期完成的前提下，工作 $i$-$j$ 必须完成的最迟时刻。

⑤ 总时差（$TF_{i-j}$），是指在不影响总工期的前提下，工作 $i$-$j$ 可以利用的机动时间。

⑥ 自由时差（$FF_{i-j}$），是指在不影响其紧后工作最早开始的前提下，工作 $i$-$j$ 可以利用的机动时间。

按工作计算法计算网络计划中各时间参数，其计算结果应标注在箭线之上，如图 3-5 所示。

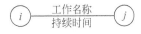

$$\frac{ES_{i-j}}{EF_{i-j}} \bigg| \frac{LS_{i-j}}{LF_{i-j}} \bigg| \frac{TF_{i-j}}{FF_{i-j}}$$

工作名称
持续时间

图 3-5 工作计算法的标注

2）时间参数的计算步骤

（1）最早开始时间和最早完成时间的计算

工作最早时间参数受到紧前工作的约束，故其计算顺序应从起点节点开始，顺着箭线方向依次逐项计算。

以网络计划的起点节点为开始节点的工作最早开始时间为零。如网络划起点节点的编号为 1，则

$$ES_{i-j} = 0 \quad (i = 1) \tag{3-3}$$

最早完成时间等于最早开始时间加上其持续时间：

$$EF_{i-j} = ES_{i-j} + D_{i-j} \tag{3-4}$$

最早开始时间等于各紧前工作最早完成时间 $EF_{h-i}$ 的最大值：

$$ES_{i-j} = \max\{EF_{h-i}\} \tag{3-5}$$

或者

$$ES_{i-j} = \max\{ES_{h-i} + D_{h-i}\} \tag{3-6}$$

（2）确定计算工期 $T_c$

计算工期等于以网络计划的终点节点为箭头节点的各个工作的最早完成时间的最大值。当网络计划终点节点的编号为 $n$ 时，计算工期

$$T_c = \max\{EF_{i-n}\} \tag{3-7}$$

当无要求工期的限制时，取计划工期等于计算工期，即取 $T_p = T_c$。

（3）最迟开始时间和最迟完成时间的计算

工作最迟时间参数受到紧后工作的约束，故其计算顺序应从终点节点起，逆着箭线方向依次逐项计算。

以网络计划的终点节点（$j=n$）为箭头节点的工作的最迟完成时间等于计划工期，即

$$LF_{i-n} = T_p \tag{3-8}$$

最迟开始时间等于最迟完成时间减去其持续时间：

$$LS_{i-j} = LF_{i-j} - D_{i-j} \tag{3-9}$$

最迟完成时间等于各紧后工作的最迟开始时间 $LS_{j-k}$ 的最小值：

$$LF_{i-j} = \min\{LS_{j-k}\} \tag{3-10}$$

或

$$LF_{i \cdot j} = \min\{LF_{i \cdot k} - D_{i \cdot j}\} \qquad (3\text{-}11)$$

（4）工作总时差的计算

总时差等于其最迟开始时间减去最早开始时间，或等于最迟完成时间减去最早完成时间，即

$$TF_{i \cdot j} = LS_{i \cdot j} - ES_{i \cdot j} \qquad (3\text{-}12)$$

或

$$TF_{i \cdot j} = LF_{i \cdot j} - EF_{i \cdot j} \qquad (3\text{-}13)$$

（5）计算工作自由时差

当工作 $i \cdot j$ 有紧后工作 $j \cdot k$ 时，其自由时差应为

$$FF_{i \cdot j} = ES_{j \cdot k} - EF_{i \cdot j} \qquad (3\text{-}14)$$

或

$$FF_{i \cdot j} = ES_{j \cdot k} - ES_{i \cdot j} - D_{i \cdot j} \qquad (3\text{-}15)$$

以网络计划的终点节点（$j = n$）为箭头节点的工作，其自由时差 $FF_{i \cdot n}$ 应按网络计划的计划工期 $T_p$ 确定，即

$$FF_{i \cdot n} = T_p - EF_{i \cdot n} \qquad (3\text{-}16)$$

3）关键工作和关键线路的确定

（1）关键工作

网络计划中总时差最小的工作是关键工作。

（2）关键线路

自始至终全部由关键工作组成的线路为关键线路，或线路上总的工作持续时间最长的线路为关键线路。网络图上的关键线路可用双线或粗线标注。

## 2. 节点计算法

1）节点最早时间的计算

节点最早时间是指在双代号网络计划中，以该节点为开始节点的各项工作的最早开始时间。

节点 $i$ 的最早开始时间 $ET_i$ 应从网络计划的起始节点开始，顺着箭线方向依次逐项计算，应当符合下列规定。

（1）如果起始节点 $i$ 没有规定最早时间 $ET_i$ 时，其值应等于零，即

$$ET_i = 0 \quad (i = 1) \qquad (3\text{-}17)$$

（2）当节点 $j$ 只有一条内向箭线时，其最早时间 $ET_j$ 应为

$$ET_j = ET_i + D_{i \cdot j} \qquad (3\text{-}18)$$

（3）当节点 $j$ 有多条内向箭线时，其最早时间 $ET_j$ 应为

$$ET_j = \max\{ET_i + D_{i \cdot j}\} \qquad (3\text{-}19)$$

2）网络计划工期的计算

（1）网络计划的计算工期

网络计划的计算工期，可按下式计算：

$$T_c = ET_n \qquad (3\text{-}20)$$

式中：$ET_n$——终点节点 $n$ 的最早时间。

（2）网络计划的计划工期

网络计划的计划工期的确定与工作计算法相同。

3）节点最迟时间的计算

节点最迟时间是指双代号网络计划中，以该点为完成节点的各项工作的最迟完成时间。节点最迟时间的计算应符合下列规定。

（1）节点 $i$ 的最迟时间 $LT_i$ 应从网络计划的终点节点开始，逆着箭线的方向依次逐项计算。当部分工作分期完成时，有关节点的最迟时间必须从分期完成节点开始逆向逐项计算。

（2）终点节点 $n$ 的最迟时间 $LT_n$ 应按网络计划的计划工期 $T_p$ 确定，即

$$LT_n = T_p \tag{3-21}$$

分期完成节点的最迟时间应等于该节点规定的分期完成时间。

（3）其他节点的最迟时间 $LT_i$ 应为

$$LT_i = \max\{LT_j - D_{i\text{-}j}\} \tag{3-22}$$

式中：$LT_j$——工作 $i\text{-}j$ 的箭头节点 $j$ 的最迟时间。

4）工作时间参数的计算

（1）工作最早开始时间的计算

工作 $i\text{-}j$ 的最早开始时间 $ES_{i\text{-}j}$ 的计算公式如下：

$$ES_{i\text{-}j} = ET_i \tag{3-23}$$

（2）最早完成时间的计算

工作 $i\text{-}j$ 的最早完成时间的计算公式如下：

$$EF_{i\text{-}j} = ET_i + D_{i\text{-}j} \tag{3-24}$$

（3）工作最迟完成时间的计算

工作 $i\text{-}j$ 的最迟完成时间的计算公式如下：

$$LF_{i\text{-}j} = LT_j \tag{3-25}$$

（4）工作最迟开始时间的计算

工作 $i\text{-}j$ 的最迟开始时间的计算公式如下：

$$LS_{i\text{-}j} = LT_j - D_{i\text{-}j} \tag{3-26}$$

（5）工作总时差的计算

工作 $i\text{-}j$ 的总时差的计算公式如下：

$$TF_{i\text{-}j} = LT_j - ET_i - D_{i\text{-}j} \tag{3-27}$$

（6）工作自由时差的计算

工作 $i\text{-}j$ 的自由时差的计算公式如下：

$$FF_{i\text{-}j} = ET_j - ET_i - D_{i\text{-}j} \tag{3-28}$$

**【例 3-1】** 已知网络计划资料（表 3-2），试绘制双代号网络计划。若计划工期等于计算工期，试计算各项工作的六个时间参数及确定关键线路，并标注在网络图上。

表 3-2 某网络计划工作逻辑关系及持续时间表

| 工 作 | 紧 前 工 作 | 紧 后 工 作 | 持续时间/d |
|:---:|:---:|:---:|:---:|
| $A_1$ | — | $A_2$、$B_1$ | 2 |
| $A_2$ | $A_1$ | $A_3$、$B_2$ | 2 |
| $A_3$ | $A_2$ | $B_3$ | 2 |
| $B_1$ | $A_1$ | $B_2$、$C_1$ | 3 |
| $B_2$ | $A_2$、$B_1$ | $B_3$、$C_2$ | 3 |
| $B_3$ | $A_3$、$B_2$ | $D$、$C_3$ | 3 |
| $C_1$ | $B_1$ | $C_2$ | 2 |
| $C_2$ | $B_2$、$C_1$ | $C_3$ | 4 |
| $C_3$ | $B_3$、$C_2$ | $E$、$F$ | 2 |
| $D$ | $B_3$ | $G$ | 2 |
| $E$ | $C_3$ | $G$ | 1 |
| $F$ | $C_3$ | $I$ | 2 |
| $G$ | $D$、$E$ | $H$、$I$ | 4 |
| $H$ | $G$ | — | 3 |
| $I$ | $F$、$G$ | — | 3 |

**【解】**

1）根据表中网络计划的有关资料，按照网络图的绘图规则，绘制双代号网络图如图 3-6 所示。

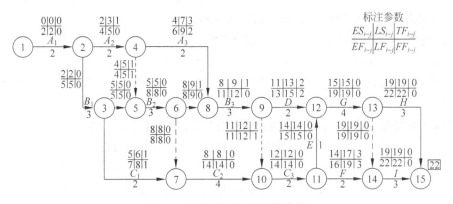

图 3-6 双代号网络图计算实例

2）计算各项工作的时间参数

（1）计算各项工作的最早开始时间和最早完成时间

从起点节点（①节点）开始顺着箭线方向依次逐项计算到终点节点（⑮节点）。

① 以网络计划起点节点为开始节点的各工作的最早开始时间为零。

工作 1-2 的最早开始时间从网络计划的起点节点开始，顺着箭线方向依次逐项计算，因未规定其最早开始时间 $ES_{1\text{-}2}$，故

$$ES_{1\text{-}2} = 0$$

② 计算各项工作的最早开始和最早完成时间。

工作的最早开始时间 $ES_{i\text{-}j}$ 计算如下：

$$ES_{2\text{-}3} = ES_{1\text{-}2} + D_{1\text{-}2} = 0 + 2 = 2$$
$$ES_{2\text{-}4} = ES_{1\text{-}2} + D_{1\text{-}2} = 0 + 2 = 2$$
$$ES_{3\text{-}5} = ES_{2\text{-}3} + D_{2\text{-}3} = 2 + 3 = 5$$
$$ES_{4\text{-}5} = ES_{2\text{-}4} + D_{2\text{-}4} = 2 + 2 = 4$$
$$ES_{5\text{-}6} = \max\{ES_{3\text{-}5} + D_{3\text{-}5}, \quad ES_{4\text{-}5} + D_{4\text{-}5}\} = \max\{5+0, 4+0\} = 5$$

工作的最早完成时间就是本工作的最早开始时间与本工作的持续时间之和，计算如下：

$$EF_{1\text{-}2} = ES_{1\text{-}2} + D_{1\text{-}2} = 0 + 2 = 2$$
$$EF_{2\text{-}4} = ES_{2\text{-}4} + D_{2\text{-}4} = 2 + 2 = 4$$
$$EF_{5\text{-}6} = ES_{5\text{-}6} + D_{5\text{-}6} = 5 + 3 = 8$$

（2）确定计算工期 $T_c$ 及计划工期 $T_p$

已知计划工期等于计算工期，即网络计划的计算工期 $T_c$ 取以终节点⑮为箭头节点的工作 13-15 和工作 14-15 的最早完成时间的最大值，则计算公式如下：

$$T_c = \max\{EF_{13\text{-}15}, EF_{14\text{-}15}\} = \max\{22, 22\} = 22$$

（3）计算各项工作的最迟开始时间和最迟完成时间

从终点节点（⑮节点）开始逆着箭线方向依次逐项计算到起点节点（①节点）。

① 以网络计划终点节点为箭头节点的工作的最迟完成时间等于计划工期。

网络计划结束工作的最迟完成时间按计算如下：

$$LF_{13\text{-}15} = T_p = 22$$
$$LF_{14\text{-}15} = T_p = 22$$

② 计算各项工作的最迟开始和最迟完成时间。

以此类推，算出其他工作的最迟完成时间，如：

$$LF_{13\text{-}14} = \min\{LF_{14\text{-}15} - D_{14\text{-}15}\} = 22 - 3 = 19$$
$$LF_{12\text{-}13} = \min\{LF_{13\text{-}15} - D_{14\text{-}15}, LF_{13\text{-}14} - D_{14\text{-}14}\} = \min\{22-3, 19-0\} = 19$$
$$LF_{11\text{-}12} = \min\{LF_{12\text{-}13} - D_{12\text{-}13}\} = 19 - 4 = 15$$

网络计划所有工作 $i\text{-}i$ 的最迟开始时间均按式计算如下：

$$LS_{14\text{-}15} = LF_{14\text{-}15} - D_{14\text{-}15} = 22 - 3 = 19$$
$$LS_{13\text{-}15} = LF_{13\text{-}15} - D_{13\text{-}15} = 22 - 3 = 19$$
$$LS_{12\text{-}13} = LF_{12\text{-}13} - D_{12\text{-}13} = 19 - 4 = 15$$

（4）计算各项工作的总时差

可以用工作的最迟开始时间减去最早开始时间或用工作的最迟完成时间减去最早完成时间，即

$$TF_{1\text{-}2} = LS_{1\text{-}2} - ES_{1\text{-}2} = 0 - 0 = 0$$
$$TF_{2\text{-}3} = LS_{2\text{-}3} - ES_{2\text{-}3} = 2 - 2 = 0$$
$$TF_{5\text{-}6} = LS_{5\text{-}6} - ES_{5\text{-}6} = 5 - 5 = 0$$

（5）计算各项工作的自由时差

网络中工作 $i\text{-}j$ 的自由时差等于紧后工作的最早开始时间减去本工作的最早完成时

间,计算如下:

$$FF_{1\text{-}2} = ES_{2\text{-}3} - EF_{1\text{-}2} = 2 - 2 = 0$$
$$FF_{2\text{-}3} = ES_{3\text{-}5} - EF_{2\text{-}3} = 5 - 5 = 0$$
$$FF_{5\text{-}6} = ES_{6\text{-}8} - EF_{5\text{-}6} = 8 - 8 = 0$$

网络计划中的结束工作 $i\text{-}j$ 的自由时差计算如下:

$$FF_{13\text{-}15} = T_p - EF_{13\text{-}15} = 22 - 22 = 0$$
$$FF_{14\text{-}15} = T_p - EF_{14\text{-}15} = 22 - 22 = 0$$

将以上计算结果标注在图中的相应位置。

3) 确定关键工作及关键线路

在图中,最小的总时差是 0,凡是总时差为 0 的工作均为关键工作。

该例中的关键工作是:$A_1$、$B_1$、$B_2$、$C_2$、$C_3$、$E$、$G$、$H$、$I$。

在图中,自始至终全由关键工作组成的关键线路用粗箭线进行标注。

## 3.2.4　双代号时标网络计划

双代号时标网络计划(简称为时标图)是以水平时间坐标为尺度表示工作时间的网络计划。在时标网络计划中,实箭线表示工作,实箭线的水平投影长度表示该工作的持续时间;以虚箭线表示虚工作,由于虚工作的持续时间为零,故虚箭线只能垂直画;以波形线表示工作的自由时差。无论哪一种箭线,均应在其末端绘出箭头。在工作中有自由时差时,按图 3-7 中④→⑧所示方式表达,波形线直接在实箭线的末端;虚工作中有时差时,按图 3-7 中④→⑤方式表达,不得在波形线之后画实线。

### 1. 双代号时标网络计划的特点

双代号时标网络计划是以水平时间坐标为尺度编制的双代号网络计划,其主要特点如下:

(1) 时标网络计划兼有网络计划与横道计划的优点,它能够清楚地表明计划的时间进程,使用方便;

(2) 时标网络计划能在图上直接显示出各项工作的开始与完成时间、工作的自由时差及关键线路;

(3) 在时标网络计划中可以统计每一个单位时间对资源的需要量,以便进行资源优化和调整;

(4) 由于箭线受到时间坐标的限制,当情况发生变化时,对网络计划的修改比较麻烦,往往要重新绘图;但在普遍使用计算机以后,这一问题已较容易解决。

### 2. 双代号时标网络计划的一般规定

(1) 双代号时标网络计划必须以水平时间坐标为尺度表示工作时间。时标的时间单位应根据需要在编制网络计划之前确定,可为时、天、周、月或季。

（2）时标网络计划中所有符号在时间坐标上的水平投影位置，都必须与其时间参数相对应，节点中心必须对准相应的时标位置。

（3）时标网络计划中虚工作必须以垂直方向的虚箭线表示，有自由时差时加波形线表示。

### 3. 时标网络计划的编制

时标网络计划宜按各个工作的最早开始时间编制。在编制时标网络计划之前，应先按已确定的时间单位绘制出时标计划表，见表 3-3。双代号时标网络计划的编制方法有两种。

表 3-3 时标计划表

| 日历 | | | | | | | | | | | | | | | | |
|---|---|---|---|---|---|---|---|---|---|---|---|---|---|---|---|---|
| （时间单位） | 1 | 2 | 3 | 4 | 5 | 6 | 7 | 8 | 9 | 10 | 11 | 12 | 13 | 14 | 15 | 16 |
| 网络计划 | | | | | | | | | | | | | | | | |
| （时间单位） | 1 | 2 | 3 | 4 | 5 | 6 | 7 | 8 | 9 | 10 | 11 | 12 | 13 | 14 | 15 | 16 |

1）间接法绘制

先绘制出时标网络计划，计算各工作的最早时间参数，再根据最早时间参数在时标计划表上确定节点位置，连线完成。当某些工作箭线长度不足以到达该工作的完成节点时，用波形线补足。

2）直接法绘制

根据网络计划中工作之间的逻辑关系及各工作的持续时间，直接在时标计划表上绘制时标网络计划。绘制步骤如下：

（1）将起点节点定位在时标计划表的起始刻度线上。

（2）按工作持续时间在时标计划表上绘制起点节点的外向箭线。

（3）其他工作的开始节点必须在其所有紧前工作都绘出以后，定位在这些紧前工作最早完成时间最大值的时间刻度上，某些工作的箭线长度不足以到达该节点时，用波形线补足，箭头画在波形线与节点连接处。

（4）用上述方法从左至右依次确定其他节点位置，直至网络计划终点节点定位，绘图完成，如图 3-7 所示。

### 4. 时标网络计划关键线路和时间参数的确定

1）时标网络计划关键线路的确定

应自终点节点逆箭线方向朝起点节点逐次进行判定：从终点到起点不出现波形线的线路即为关键线路。

2）最早开始时间 $ES_{i-j}$

每条实箭线左端箭尾节点（$i$ 节点）中心所对应的时标值，即为该工作的最早开始时间。

3）最早完成时间 $EF_{i-j}$

如箭线右端无波形线，则该箭线右端节点（$j$ 节点）中心所对应的时标值为该工作的最早完成时间；如箭线右端有波形线，则实箭线右端末所对应的时标值即为该工作的最早完成时间。

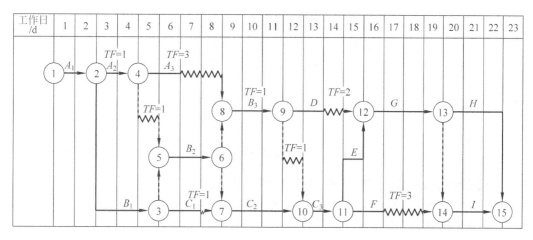

图 3-7 双代号时标网络计划

4）自由时差的确定

时标网络计划中各工作的自由时差值应为表示该工作的箭线中波形线部分在坐标轴上的水平投影长度。

5）总时差的确定

时标网络计划中工作的总时差的计算应自右向左进行，且符合下列规定：

（1）以终点节点（$j=n$）为箭头节点的工作的总时差 $TF_{i-n}$ 应按网络计划的计划工期 $T_p$ 计算确定，即

$$TF_{i-n} = T_p - EF_{i-n}$$

（2）其他工作的总时差等于其紧后工作 $j$-$k$ 总时差的最小值与本工作的自由时差之和，即

$$TF_{i-j} = \min\{TF_{j-k}\} + FF_{i-j}$$

6）最迟时间参数的确定

时标网络计划中工作的最迟开始时间和最迟完成时间可按下式计算：

$$LS_{i-j} = ES_{i-j} + TF_{i-j}$$
$$LF_{i-j} = EF_{i-j} + TF_{i-j}$$

# 3.3 单代号网络计划

## 3.3.1 单代号网络图的绘制

单代号网络图是以节点及其编号表示工作，以箭线表示工作之间逻辑关系的网络图，并

在节点中加注工作代号、名称和持续时间，以形成单代号网络计划，如图 3-8 所示。

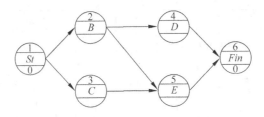

图 3-8　单代号网络计划图

单代号网络图与双代号网络图相比，具有以下特点：

（1）工作之间的逻辑关系容易表达，且不用虚箭线，故绘图较简单；

（2）网络图便于检查和修改；

（3）由于工作持续时间表示在节点之中，没有长度，故不够直观；

（4）表示工作之间逻辑关系的箭线可能产生较多的纵横交叉现象。

**1. 绘图符号**

1）节点

单代号网络图中的每一个节点表示一项工作，节点宜用圆圈或矩形表示。节点所表示的工作名称、持续时间和工作代号等应标注在节点内，如图 3-9 所示。

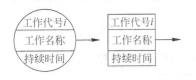

图 3-9　单代号网络图工作的表示方法

单代号网络图中的节点必须编号。编号标注在节点内，其号码可间断，但严禁重复。箭线的箭尾节点编号应小于箭头节点的编号。一项工作必须有唯一的一个节点及相应的一个编号。

2）箭线

单代号网络图中的箭线表示紧邻工作之间的逻辑关系，既不占用时间也不消耗资源。箭线应画成水平直线、折线或斜线。箭线水平投影的方向应自左向右，表示工作的行进方向。工作之间的逻辑关系包括工艺关系和组织关系，在网络图中均表现为工作之间的先后顺序。

3）线路

单代号网络图中，各条线路应用该线路上的节点编号从小到大依次表述。

**2. 绘图原则**

（1）单代号网络图必须正确表达已定的逻辑关系。

（2）单代号网络图中，严禁出现循环回路。

（3）单代号网络图中，严禁出现双向箭头或无箭头的连线。

（4）单代号网络图中，严禁出现没有箭尾节点的箭线和没有箭头节点的箭线。

（5）绘制网络图时，箭线不宜交叉，当交叉不可避免时，可采用过桥法或指向法绘制。

（6）单代号网络图只应有一个起点节点和一个终点节点；当网络图中有多项起点节点或多项终点节点时，应在网络图的两端分别设置一项虚工作，作为该网络图的起点节点（St）和终点节点（Fin）。

### 3. 单代号网络图的绘制

单代号网络图的绘制步骤与双代号网络图的绘制步骤基本相同,主要包括两部分:

(1) 列出工作一览表及各工作的直接前导、后继工作名称,根据工程计划中各工作在工艺上、组织上的逻辑关系来确定其直接前导、后继工作名称;

(2) 根据上述关系绘制网络图,包括:首先绘制草图,然后对一些不必要的交叉进行整理,绘制简化网络图。

## 3.3.2 单代号网络图时间参数计算

单代号网络计划时间参数的计算应在确定各项工作的持续时间之后进行。时间参数的计算顺序和计算方法基本上与双代号网络计划时间参数的计算相同。单代号网络计划时间参数的标注形式如图 3-10 所示。

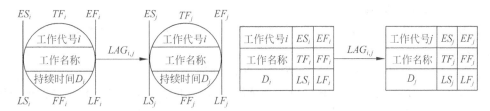

图 3-10　单代号网络计划时间参数的标注形式

### 1. 计算最早开始时间和最早完成时间

网络计划中各项工作的最早开始时间和最早完成时间的计算应从网络计划的起点节点开始,顺着箭线方向依次逐项计算。

网络计划的起点节点的最早开始时间为零。如起点节点的编号为 1,则

$$ES_i = 0 (i = 1) \tag{3-29}$$

工作最早完成时间等于该工作最早开始时间加上其持续时间,即

$$EF_i = ES_i + D_i \tag{3-30}$$

工作最早开始时间等于该工作各个紧前工作最早完成时间的最大值,如工作 $j$ 的紧前工作的代号为 $i$,则

$$ES_j = \max\{EF_i\} \tag{3-31}$$

或

$$ES_j = \max\{ES_i + D_i\} \tag{3-32}$$

式中:$ES_i$——工作 $j$ 的各项紧前工作的最早开始时间。

### 2. 网络计划的计算工期 $T_c$

$T_c$ 等于网络计划的终点节点 $n$ 的最早完成时间 $EF_n$,即

$$T_c = EF_n \qquad (3-33)$$

**3. 计算相邻两项工作之间的时间间隔 $LAG_{i\text{-}j}$**

相邻两项工作 $i$ 和 $j$ 之间的时间间隔 $LAG_{i\text{-}j}$ 等于紧后工作 $j$ 的最早开始时间 $ES_j$ 和本工作的最早完成时间 $EF_i$ 之差,即

$$LAG_{i\text{-}j} = ES_j - EF_i \qquad (3-34)$$

**4. 计算工作总时差 $TF_i$**

工作 $i$ 的总时差 $TF_i$ 应从网络计划的终点节点开始,逆着箭线方向依次逐项计算。若计划工期等于计算工期,网络计划终点节点的总时差 $TF_n$ 值为零,即

$$TF_n = 0 \qquad (3-35)$$

其他工作 $i$ 的总时差 $TF_i$ 等于该工作的各个紧后工作 $j$ 的总时差 $TF_j$ 加该工作与其紧后工作之间的时间间隔 $LAG_{i\text{-}j}$ 之和的最小值,即

$$TF_j = \min\{TF_j + LAG_{i\text{-}j}\} \qquad (3-36)$$

**5. 计算工作自由时差 $FF_i$**

工作 $i$ 若无紧后工作,其自由时差 $FF_i$ 等于计划工期 $T_p$ 减该工作的最早完成时间 $EF_i$,即

$$FF_i = T_p - EF_i \qquad (3-37)$$

当工作 $i$ 有紧后工作 $j$ 时,其自由时差 $FF_i$ 等于该工作与其紧后工作 $j$ 之间的时间间隔 $LAG_{i\text{-}j}$ 的最小值,即

$$FF_n = \min\{LAG_{i\text{-}j}\} \qquad (3-38)$$

**6. 计算工作的最迟开始时间和最迟完成时间**

工作 $i$ 的最迟开始时间 $LS_i$ 等于该工作的最早开始时间 $ES_i$ 与其总时差 $TF_i$ 之和,即

$$LS_i = ES_i + TF_i \qquad (3-39)$$

工作 $i$ 的最迟完成时间 $LF_i$ 等于该工作的最早完成时间 $EF_i$ 与其总时差 $TF_i$ 之和,即

$$LF_i = EF_i + TF_i \qquad (3-40)$$

**7. 关键工作和关键线路的确定**

1) 关键工作

总时差最小的工作是关键工作。

2) 关键线路的确定

从起点节点开始到终点节点均为关键工作,且所有工作的时间间隔为零的线路为关键线路。

【例 3-2】 已知网络计划的资料见表 3-2,试绘制单代号网络计划。若计划工期等于计算工期,试计算各项工作的 6 个时间参数并确定关键线路,标注在网络计划上。

【解】

1) 根据表 3-2 中网络计划的有关资料,按照网络图的绘图规则,绘制单代号网络图如图 3-11 所示。

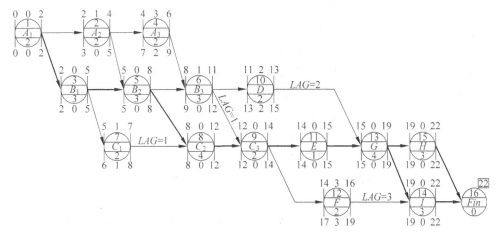

图 3-11 单代号网络图的计算实例

2) 各工作时间参数的计算

(1) 计算最早开始时间和最早完成时间

因为未规定其最早开始时间,故

$$ES_1 = 0$$

其他工作 $i$ 的最早开始时间和最早完成时间依次计算如下:

$$EF_1 = 0 + 2 = 2$$

$$ES_5 = \max\{EF_2, EF_3\} = \max\{4, 5\} = 5$$

$$EF_5 = ES_5 + D_5 = 5 + 3 = 8$$

已知计划工期等于计算工期,故有 $T_p = T_c = EF_{16} = 22$。

(2) 计算相邻两项工作之间的时间间隔 $LAG_{i,j}$

$$LAG_{15,16} = T_p - EF_{15} = 22 - 22 = 0$$

$$LAG_{14,16} = T_p - EF_{14} = 22 - 22 = 0$$

$$LAG_{12,14} = EF_{14} - EF_{12} = 19 - 16 = 3$$

(3) 计算工作总时差 $TF_i$

已知计划工期等于计算工期 $T_p = T_c = 22$,故终点节点⑯节点的总时差为零,即

$$TF_{16} = T_p - EF_{16} = 22 - 22 = 0$$

其他工作总时差如下:

$$TF_{15} = TF_{16} + LAG_{15,16} = 0 + 0 = 0$$

$$TF_{14} = TF_{16} + LAG_{14,16} = 0 + 0 = 0$$

$$TF_{13} = \min\{(TF_{15} + LAG_{13,15}), (TF_{14} + LAG_{13,14})\}$$

$$= \min\{(0 + 0), (0 + 0)\} = 0$$

$$TF_{12} = TF_{14} + LAG_{12,14} = 0 + 3 = 3$$

(4) 计算工作的自由时差 $FF_i$

已知计划工期等于计算工期 $T_p = T_c = 22$,故自由时差如下:

$$FF_{16} = T_p - EF_{16} = 22 - 22 = 0$$

$$FF_{15} = LAG_{15,16} = 0$$

$$FF_{14} = LAG_{14,16} = 0$$

$$FF_{13} = \min\{\ LAG_{13,15},\quad LAG_{13,14}\} = \min\{0,0\} = 0$$

$$FF_{12} = LAG_{12,14} = 3$$

（5）计算工作的最迟开始时间 $LS_i$ 和最迟完成时间 $LF_i$

$$LS_1 = ES_1 + TF_1 = 0 + 0 = 0$$

$$LF_1 = EF_1 + TF_1 = 2 + 0 = 2$$

$$LS_2 = ES_2 + TF_2 = 2 + 1 = 3$$

$$LF_2 = EF_2 + TF_2 = 4 + 1 = 5$$

将以上计算结果标注在图中的相应位置。

（6）关键工作和关键线路的确定

根据计算结果，总时差为零的工作 $A_1$、$B_1$、$B_2$、$C_2$、$C_3$、$E$、$G$、$H$、$I$ 均为关键工作。

从起点节点开始到终点节点均为关键工作，且所有工作之间时间间隔为零的线路，为关键线路，用粗箭线标示在图中。

# 3.4　单代号搭接网络计划

## 3.4.1　基本概念

在双代号和单代号网络计划中，所表达的工作之间的逻辑关系是一种衔接关系，即只有当其紧前工作全部完成之后，本工作才能开始。紧前工作的完成为本工作的开始创造条件。但是在工程建设实践中，有许多工作的开始并不是以其紧前工作的完成为条件。只要其紧前工作开始一段时间后，即可进行本工作，而不需要等其紧前工作全部完成之后再开始。工作之间的这种关系称为搭接关系。

如图 3-12 所示，图(a)以横道图表示相邻的 $A$、$B$ 两工作，$A$ 工作进行 4d 后 $B$ 工作即可开始，而不必要等 $A$ 工作全部完成。这种情况若按依次顺序用网络图表示就必须把 $A$ 工作

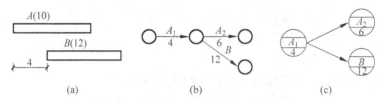

图 3-12　$A$、$B$ 两工作的搭接关系表示方法

分为两部分,即 $A_1$ 和 $A_2$ 工作,以双代号网络图表示如图(b)所示,以单代号网络图表示则如图(c)所示。

为了简单、直接地表达工作之间的搭接关系,使网络计划的编制得到简化,便出现了搭接网络计划。搭接网络计划一般都采用单代号网络图的表示方法,即以节点表示工作,以节点之间的箭线表示工作之间的逻辑顺序和搭接关系,如图 3-13 所示。

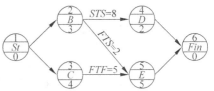

图 3-13 单代号搭接网络计划

## 3.4.2 搭接关系

单代号搭接网络计划的搭接关系主要是通过两项工作之间的时距来表示的。时距表示时间的重叠和间歇,时距的产生和大小取决于工艺要求和施工组织上的需要。用以表示搭接关系的时距有五种,分别是 $STS$(开始到开始)、$STF$(开始到结束)、$FTS$(结束到开始)、$FTF$(结束到结束)和混合搭接关系。

### 1. 结束到开始($FTS_{i,j}$)的搭接关系

$FTS_{i,j}$ 表示紧前工作 $i$ 的完成时间与紧后工作 $j$ 的开始时间之间的时距和连接方法,如图 3-14 所示。

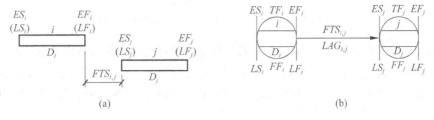

图 3-14 $FTS$ 搭接关系

(a) 从横道图看 $FTS$ 时距;(b) 用单代号搭接网络计划表示

例如在修堤坝时,一定要等土堤自然沉降后才能修护坡,筑土堤与修护坡之间的等待时间就是 $FTS$ 时距。当 $FTS$ 时距为零时,就说明本工作与其紧后工作之间紧密衔接。当网络计划中所有相邻工作只有 $FTS$ 一种搭接关系且其时距均为零时,整个搭接网络计划就成为前述的单代号网络计划。因此,一般的依次顺序关系只是搭接关系的一种特殊表现形式。

### 2. 开始到开始($STS_{i,j}$)的搭接关系

$STS_{i,j}$ 表示紧前工作 $i$ 的开始时间与紧后工作 $j$ 的开始时间之间的时距和连接方法,如图 3-15 所示。

例如在道路工程中,当路基铺设工作开始一段时间为路面浇筑工作创造一定条件之后,路面浇筑工作即可开始,路基铺设工作的开始时间与路面浇筑工作的开始时间之间的间隔

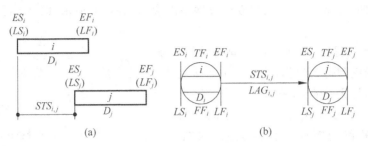

图 3-15 *STS* 搭接关系

（a）从横道图看 *STS* 时距；（b）用单代号搭接网络计划表示

就是 *STS* 时距。

### 3. 结束到结束（$FTF_{i,j}$）的搭接关系

$FTF_{i,j}$ 表示紧前工作 $i$ 完成时间与紧后工作 $j$ 完成时间之间的时距和连接方法，如图 3-16 所示。

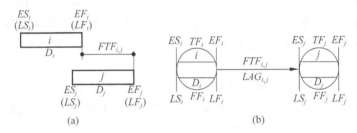

图 3-16 *FTF* 搭接关系

（a）从横道图看 *FTF* 时距；（b）用单代号搭接网络计划表示

例如在前述道路工程中，如果路基铺设工作的进展速度小于路面浇筑工作的进展速度时，须考虑为路面浇筑工作留有充分的工作面，否则，路面浇筑工作就将因没有工作面而无法进行。路基铺设工作的完成时间与路面浇筑工作的完成时间之间的间隔就是 *FTF* 时距。

### 4. 开始到结束（$STF_{i,j}$）的搭接关系

$STF_{i,j}$ 表示紧前工作 $i$ 的开始时间与紧后工作 $j$ 的结束时间之间的时距和连接方法，如图 3-17 所示。

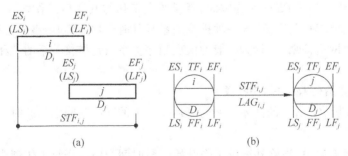

图 3-17 *STF* 搭接关系

（a）从横道图看 *STF* 时距；（b）用单代号搭接网络计划表示

例如要挖掘带有部分地下水的土壤,地下水位以上的土壤可以在降低地下水位工作完成之前开始,而在地下水位以下的土壤则必须要等降低地下水位之后才能开始。降低地下水位工作的完成与何时挖地下水位以下的土壤有关,至于降低地下水位何时开始,则与挖土没有直接联系,这种开始到结束的限制时间就是 $STF$ 时距。

### 5. 混合搭接关系

在搭接网络计划中,除上述四种基本搭接关系外,相邻两项工作之间有时还会同时出现两种以上的基本搭接关系,称为混合搭接关系。例如 $i$、$j$ 两项工作可能同时由 $STS$ 与 $FTF$ 时距限制,或 $STF$ 与 $FTS$ 时距限制等。

## 3.4.3 单代号搭接网络计划时间参数的计算

单代号搭接网络计划时间参数的计算与前述单代号网络计划计算原理基本相同,区别在于需要将搭接关系与时距加以考虑。由于搭接网络计划具有几种不同形式的搭接关系,所以其计算也较前述单代号网络计划复杂一些。

### 1. 计算工作最早时间

(1) 计算最早时间参数必须从起点节点开始依次进行,只有紧前工作计算完毕,才能计算本工作。

(2) 开始时间应按下列步骤进行:

起点节点的工作最早开始时间都应为零,即

$$ES_i = 0 \quad (i = 起点节点编号) \tag{3-41}$$

其他工作 $j$ 的最早开始时间($ES_j$)根据时距应按下列公式计算:

相邻时距为 $STS_{i,j}$ 时,

$$ES_j = ES_i + STS_{i,j} \tag{3-42}$$

相邻时距为 $FTF_{i,j}$ 时,

$$ES_j = ES_i + D_i + FTF_{i,j} - D_j \tag{3-43}$$

相邻时距为 $STF_{i,j}$ 时,

$$ES_j = ES_i + STF_{i,j} - D_j \tag{3-44}$$

相邻时距为 $FTS_{i,j}$ 时,

$$ES_j = ES_i + D_i + FTS_{i,j} \tag{3-45}$$

(3) 计算工作最早时间,当出现最早开始时间为负值时,应将该工作 $j$ 与起点节点用虚箭线相连接,并确定其时距为

$$STS_{起点节点,j} = 0 \tag{3-46}$$

(4) 工作 $j$ 的最早完成时间 $EF_j$ 为

$$EF_j = ES_j + D_j \tag{3-47}$$

(5) 当有两种以上的时距(有两项工作或两项以上紧前工作)限制工作间的逻辑关系

时,应分别进行计算其最早时间,取其最大值。

(6)搭接网络计划中,全部工作的最早完成时间的最大值若在中间工作 $k$,则该中间工作 $k$ 应与终点节点用虚箭线相连接,并确定其时距为

$$FTF_{k,终点节点} = 0 \qquad (3\text{-}48)$$

(7)搭接网络计划计算工期 $T_c$ 由与终点相联系的工作的最早完成时间的最大值决定。

(8)网络计划的计划工期 $T_p$ 的计算应按下列情况分别确定:

当已规定了要求工期 $T_r$ 时,$T_p < T_r$;

当未规定要求工期时,$T_p = T_c$。

### 2. 计算时间间隔 $LAG_{i,j}$

相邻两项工作 $i$ 和 $j$ 之间在满足时距之外,还有多余的时间间隔 $LAG_{i,j}$,应按下式计算:

$$LAG_{i,j} = \min \begin{bmatrix} ES_j - EF_i - FTS_{i,j} \\ ES_j - ES_i - STS_{i,j} \\ EF_j - EF_i - FTF_{i,j} \\ EF_j - ES_i - STF_{i,j} \end{bmatrix} \qquad (3\text{-}49)$$

### 3. 计算工作总时差

工作 $i$ 的总时差应从网络计划的终点节点开始,逆着箭线方向依次逐项计算。当部分工作分期完成时,有关工作的总时差必须从分期完成的节点开始逆向逐项计算。

终点节点所代表工作 $n$ 的总时差 $TF_n$ 值应为

$$TF_n = T_p - EF_n \qquad (3\text{-}50)$$

其他工作 $i$ 的总时差 $TF_i$ 应为

$$TF_i = \min\{TF_j + LAG_{i,j}\} \qquad (3\text{-}51)$$

### 4. 计算工作自由时差

终点节点所代表工作 $n$ 的自由时差应 $FF_n$ 为

$$FF_n = T_p - EF_n \qquad (3\text{-}52)$$

其他工作 $i$ 的自由时差 $FF_i$ 应为

$$FF_i = \min\{LAG_{i,j}\} \qquad (3\text{-}53)$$

### 5. 计算工作最迟完成时间

工作 $i$ 的最迟完成时间应从网络计划的终点节点开始,逆着箭线方向依次逐项计算。当部分工作分期完成时,有关工作的最迟完成时间应从分期完成的节点开始逆向逐项计算。

终点节点所代表的工作 $n$ 的最迟完成时间 $LF_n$,应按网络计划的计划工期 $T_p$ 确定,即

$$LF_n = T_p \qquad (3\text{-}54)$$

其他工作 $i$ 的最迟完成时间 $LF_i$ 应为

$$LF_i = EF_i + TF_i \qquad (3\text{-}55)$$

### 6. 计算工作最迟开始时间

工作 $i$ 的最迟开始时间 $LS_i$ 应按下式计算:

$$LS_i = LF_i - D_i \qquad (3\text{-}56)$$

或

$$LS_i = ES_i + TF_i \qquad (3-57)$$

**7. 关键工作和关键线路的确定**

1) 确定关键工作

关键工作是总时差为最小的工作。搭接网络计划中工作总时差最小的工作,也即是其具有的机动时间最小,如果延长其持续时间就会影响计划工期,因此为关键工作。当计划工期等于计算工期时,工作的总时差为零是最小的总时差。当有要求工期,且要求工期小于计算工期时,总时差最小的为负值;当要求工期大于计算工期时,总时差最小的为正值。

2) 确定关键线路

关键线路是自始至终全部由关键工作组成的线路或线路上总的工作持续时间最长的线路。该线路在网络图上应用粗线、双线或彩色线标注。在搭接网络计划中,从起点节点开始到终点节点均为关键工作,且所有工作的时间间隔均为零的线路应为关键线路。

【**例 3-3**】 已知单代号搭接网络计划如图 3-18 所示,若计划工期等于计算工期,试计算各项工作的 6 个时间参数并确定关键线路,标注在网络计划上。

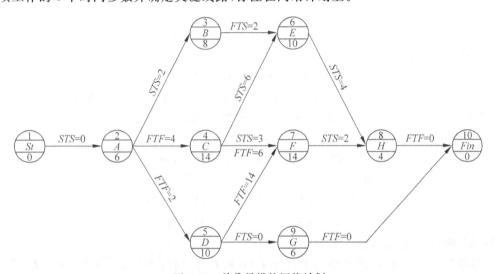

图 3-18 单代号搭接网络计划

【**解**】

1) 计算最早开始时间和最早完成时间

计算最早时间参数必须从起点开始沿箭线方向向终点进行。因为在本例单代号网络图中起点和终点都是虚设的,故其工作持续时间均为零。

(1) 因为未规定其最早开始时间,故

$$ES_1 = 0$$

(2) 相邻工作的时距为 $STS_{i,j}$,如 A、B 时距为 $STS_{2,3}=2$,则

$$ES_3 = ES_2 + STS_{2,3} = 0 + 2 = 2$$

(3) 相邻两工作的时距为 $FTF_{i,j}$,如 A、C 时距为 $FTF_{2,4}=4$,则

$$EF_4 = EF_2 + FTF_{2,4} = 6 + 4 = 10$$

$$ES_4 = EF_4 - D_4 = 10 - 14 = 4$$

节点 4（工作 C）的最早开始时间出现负值，这说明工作 C 在工程开始之前 4d 就应开始工作，这是不合理的，必须按以下的方法来处理。

（4）当中间工做出现 $ES_i$ 为负值时的处理方法。

在单代号搭接网络计划中，当某项中间工作的 $ES_i$ 为负值时，应该将该工作用虚线与起点联系起来。这时该工作的最早开始时间就由起点所决定，其最早完成时间也要重新计算：

$$ES_4 = ES_1 + STS_{1,4} = 0 + 0 = 0$$
$$EF_4 = ES_4 + D_4 = 0 + 14 = 14$$

（5）相邻两项工作的时距为 $FTS_{i,j}$ 时，如 B、E 两工作之间的时距为 $FTS_{3,6}=2$，则计算得到

$$ES_6 = EF_3 + FTS_{3,6} = 10 + 2 = 12$$

（6）在一项工作之前有两项以上紧前工作时，则应分别计算后从中取其最大值。在本例中，按 B、E 工作搭接关系，有

$$ES_6 = 12$$

按 C、E 工作搭接关系，有

$$ES_6 = ES_4 + STS_{4,6} = 0 + 6 = 6$$

从两数中取最大值，即 $ES_6 = 12$

$$EF_6 = 12 + 10 = 22$$

（7）在两项工作之间有两种以上搭接关系时，如两项工作 C、F 之间的时距为 $STS_{4,7}=3$ 和 $FTF_{4,7}=6$，这时也应该分别计算后取其中的最大值。

由 $STS_{4,7}=3$ 决定时，

$$ES_7 = ES_4 + STS_{4,7} = 0 + 3 = 3$$

由 $FTF_{4,7}=6$ 决定时，

$$EF_7 = EF_4 + FTF_{4,7} = 14 + 6 = 20$$
$$ES_7 = EF_7 - D_7 = 20 - 14 = 6$$

故按以上两种时距关系，应取 $ES_7=6$。

但是节点 7（工作 F）除与节点 4（工作 C）有联系外，同时还与紧前工作 D（节点 5）有联系，所以还应在这两种逻辑关系的计算值中取其最大值：

$$EF_7 = EF_5 + FTF_{5,7} = 10 + 14 = 24$$
$$ES_7 = EF_7 - D_7 = 24 - 14 = 10$$

故应取

$$ES_7 = 10$$
$$EF_7 = 24$$

网络计划中的所有其他工作的最早时间都可以依次按上述各种方法进行计算，直到终点为止。

（8）根据以上计算，则终点节点的时间应从其紧前几个工作的最早完成时间中取最大值，即

$$ES_{Fin} = \max\{22, 20, 16\} = 22$$

在很多情况下,这个值是网络计划中的最大值,决定了计划的工期。但是在本例中,决定工程工期的完成时间最大值的工作却不在最后,而是在中间的工作 F,这时必须按下列方法加以处理。

(9) 终点一般是虚设的,只与没有外向箭线的工作相联系。但是当中间工作的完成时间大于最后工作的完成时间时,为了决定终点的时间(即工程的总工期),必须先把该工作与终点节点用虚箭线联系起来(见图 3-19),然后再依法计算终点时间。在本例中

$$ES_{Fin} = \max\{24,22,20,16\} = 24$$

已知计划工期等于计算工期,故有 $T_p = T_c = EF_{15} = 24$。

2) 计算相邻两项工作之间的时间间隔 $LAG_{i,j}$

起点与工作 A 是 STS 连接,故 $LAG_{1,2} = 0$ 起点与工作 C 和工作 D 之间的 LAG 均为零。

工作 A 与工作 B 是 STS 连接,

$$LAG_{2,3} = ES_3 - ES_2 - STS_{2,3} = 2 - 0 - 2 = 0$$

工作 A 与工作 C 是 FTF 连接:

$$LAG_{2,4} = EF_4 - EF_2 - FTF_{2,4} = 14 - 6 - 4 = 4$$

工作 A 与工作 D 是 FTF 连接:

$$LAG_{2,5} = EF_5 - EF_2 - FTF_{2,5} = 10 - 6 - 2 = 2$$

工作 B 与工作 E 是 FTS 连接:

$$LAG_{3,6} = ES_6 - EF_3 - FTS_{3,6} = 12 - 10 - 2 = 0$$

工作 C 与工作 F 是 FTF 和 STS 两种时距连接,故

$$LAG_{4,7} = \min\{(ES_7 - ES_4 - STS_{4,7})(EF_7 - EF_4 - FTF_{4,7})\}$$
$$= \min\{(10 - 0 - 3),(24 - 14 - 6)\} = 4$$

3) 计算工作的总时差 $TF_i$

已知计划工期等于计算工期 $T_p = T_c = 24$,故

终点节点的总时差

$$TF_{Fin} = T_p - EF_n = 24 - 24 = 0$$

其他节点的总时差计算如下:

$$TF_8 = TF_{10} + LAG_{8,10} = 0 + 4 = 4$$

$$TF_6 = \min\{(TF_{10} + LAG_{6,10}),(TF_8 + LAG_{6,8})\} = \min\{(0 + 2),(4 + 0)\} = 2$$

4) 计算工作的自由时差 $FF_i$

各项工作的自由时差 $FF_i$,计算如下:

$$FF_7 = 0$$

$$FF_2 = \min\{LAG_{2,3}, LAG_{2,4}, LAG_{2,5}\} = \min\{0,4,2\} = 0$$

5) 计算工作的最迟开始时间和最迟完成时间

(1) 凡是与终点节点相联系的工作,其最迟完成时间即为终点的完成时间,如

$$LF_7 = LF_{10} = 24$$

$$LS_7 = LF_7 - D_7 = 24 - 14 = 10$$

$$LS_9 = LF_9 - D_9 = 24 - 6 = 18$$

（2）相邻两工作的时距为 $STS_{i,j}$ 时，如两工作 $E$、$H$ 之间的时距为 $STS_{6,8} = 4$，

$$LS_6 = LS_8 - STS_{6,8} = 20 - 4 = 16$$

$$LF_6 = LS_6 + D_6 = 16 + 10 = 26$$

节点 6（工作 $E$）的最迟完成时间为 26d，大于总工期 24d，这是不合理的，必须对节点 6（工作 $E$）的最迟完成时间进行调整。

（3）在计算最迟时间参数中出现某工作的最迟完成时间大于总工期时，应把该工作用虚箭线与终点节点连起来，这时工作 $E$ 的最迟时间除受工作 $H$ 的约束之外，还受到终点节点的决定性约束，故

$$LF_6 = 24$$

$$LS_6 = 24 - 10 = 14$$

（4）若明确中间相邻两工作的时距后，可按下式计算：

$$LF_5 = \min\{(LS_9 - FTS_{5,9}), (LF_7 - FTF_{5,7})\} = \min\{(18 - 0), (24 - 14)\} = 10$$

$$LS_5 = LF_5 - D_5 = 10 - 10 = 0$$

$$LF_4 = \min\{(LS_7 - STS_{4,7} + D_4), (LF_7 - FTF_{4,7}), (LS_6 - STS_{4,6} + D_4)\}$$

$$= \min\{(10 - 3 + 14), (24 - 6), (14 - 6 + 14)\} = 18$$

$$LS_4 = LF_4 - D_4 = 18 - 14 = 4$$

6）关键工作和关键线路的确定

从图 3-19 看，关键线路为起点—$D$—$F$—终点。$D$ 和 $F$ 两工作的总时差为最小（零），是关键工作。同一般网络计划一样，把总时差为零的工作连接起来所形成的线路就是关键线路。因此用计算总时差的方法也可以确定关键线路。还可以利用 $LAG_{i,j}$ 来寻找关键线路，即从终点向起点方向寻找把 $LAG_{i,j}=0$ 的线路向前连通，直到起点，这条线路就是关键线路。但是这并不意味着 $LAG_{i,j}=0$ 的线路都是关键线路，只有 $LAG_{i,j}=0$ 从起点至终点贯通的线路才是关键线路。

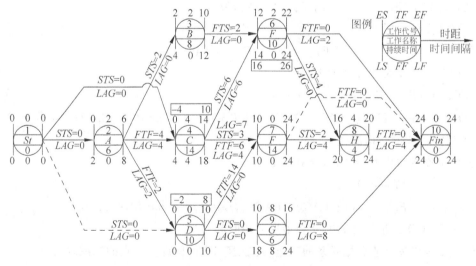

图 3-19　单代号搭接网络时间参数计算总图

# 3.5　网络计划优化

网络计划的优化是在满足既定约束条件下,按选定目标,通过不断改进网络计划寻求满意方案的过程。网络计划的优化目标应按计划任务的需要和条件选定。按优化目标不同,网络优化可分为工期优化、资源优化和费用优化等。

## 3.5.1　工期优化

工期优化也称时间优化,其目的是当网络计划计算工期不能满足要求工期时,通过不断压缩关键线路上关键工作的持续时间等措施,达到缩短工期、满足要求的目的。

选择优化对象应考虑下列因素:

(1) 缩短持续时间对质量和安全影响不大的工作;

(2) 有备用资源的工作;

(3) 缩短持续时间所需增加的资源、费用最少的工作。

工期优化的计算,可按下达步骤进行:

(1) 计算并求得初始网络计划的计算工期、关键线路及关键工作;

(2) 按要求工期计算应缩短的时间,对可延长的工期考虑应缩短的时间;

(3) 根据各关键工作的最短极限时间确定各工作能缩短的持续时间;

(4) 选择关键工作,压缩(或延长)其持续时间,并重新计算网络计划的计算工期。

应注意的是,当有多条关键线路时,应注意被压缩的工作所处的线路的位置,如该工作处在并联的关键线路上,则压缩时并联的关键线路应同时压缩,此时的费用率为所有被压缩工作的费用率之和。

【例 3-4】　某单项工程,按图 3-20 所示进度计划网络图组织施工。原计划工期是

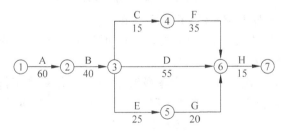

图 3-20　进度计划网络图

170d,在第 75 天进行的进度检查时发现：工作 $A$ 已全部完成，工作 $B$ 刚刚开工。由于工作 $B$ 是关键工作，所以它拖后 15d，将导致总工期延长 15d 完成。本工程相关工作各参数见表 3-4。

表 3-4  相关参数表

| 序　号 | 工　作 | 最大可压缩时间/d | 赶工费用/(元/d) |
|--------|--------|------------------|------------------|
| 1 | $A$ | 10 | 200 |
| 2 | $B$ | 5 | 200 |
| 3 | $C$ | 3 | 100 |
| 4 | $D$ | 10 | 300 |
| 5 | $E$ | 5 | 200 |
| 6 | $F$ | 10 | 150 |
| 7 | $G$ | 10 | 120 |
| 8 | $H$ | 5 | 420 |

问题：

(1) 为使本单项工程仍按原工期完成，则必须赶工，调整原计划。如何调整原计划，既经济又保证整体工作能在计划的 170d 内完成？列出详细调整过程。

(2) 试计算经调整后，所需投入的赶工费用。

(3) 重新绘制调整后的进度计划网络图，并列出关键线路。

【解】

(1) 目前总工期拖后 15d，此时的关键线路为：$B$—$D$—$H$。

① 其中工作 $B$ 赶工费率最低，故先对工作 $B$ 持续时间进行压缩：

工作 $B$ 压缩 5d，总工期为

$$185 - 5 = 180(d)$$

因此增加的费用为

$$5 \times 200 = 1000(元)$$

关键线路：$B$—$D$—$H$。

② 剩余关键工作中，工作 $D$ 赶工费率最低，故应对工作 $D$ 持续时间进行压缩。

工作 $D$ 压缩的同时，应考虑与之平等的各线路，以各线路工作正常进展均不影响总工期为限，故工作 $D$ 只能压缩 5d，总工期为

$$180 - 5 = 175(d)$$

因此增加的费用为

$$5 \times 300 = 1500(元)$$

关键线路：$B$—$D$—$H$ 和 $B$—$C$—$F$—$H$ 两条。

③ 剩余关键工作中，存在三种压缩方式：①同时压缩工作 $C$、工作 $D$；②同时压缩工作 $F$、工作 $D$；③压缩工作 $H$。

同时压缩工作 $C$ 和工作 $D$ 的赶工费率最低，故应对工作 $C$ 和工作 $D$ 同时进行压缩。

工作 $C$ 最大可压缩天数为 3d，故本次调整只能压缩 3d，总工期为

$$175 - 3 = 172(d)$$

因此增加的费用为

$$3 \times 100 + 3 \times 300 = 1200(元)$$

关键线路:$B—D—H$ 和 $B—C—F—H$ 两条。

④ 剩下关键工作中,压缩工作 $H$ 赶工费率最低,故应对工作 $H$ 进行压缩。

工作 $H$ 压缩 2d,总工期为

$$172 - 2 = 170(d)$$

因此增加的费用为

$$2 \times 420 = 840(元)$$

⑤ 通过以上工期调整,工作仍能按原计划的 170d 完成。

(2) 所需投入的赶工费用为

$$1000 + 1500 + 1200 + 840 = 4540(元)$$

(3) 调整后的进度计划网络图如图 3-21 所示

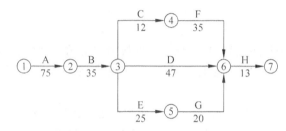

图 3-21 调整后的进度计划网络图

其关键线路为:$A—B—D—H$ 和 $A—B—C—F—H$。

## 3.5.2 资源优化

资源优化是指通过改变工作的开始时间和完成时间,使资源按照时间的分布符合优化目标。通常分两种模式:"资源有限、工期最短"的优化和"工期固定、资源均衡"的优化。

### 1. 资源有限、工期最短

该优化是指在资源有限时,保持各个工作的日资源需要量(即强度)不变,寻求工期最短的施工计划。

1) 资源优化的前提条件

(1) 优化过程中,不改变网络计划中各项工作之间的逻辑关系。

(2) 优化过程中,不改变网络计划中各项工作的持续时间。

(3) 网络计划中各工作单位时间所需资源数量为合理常量。

(4) 除明确可中断的工作外,优化过程中一般不允许中断工作,应保持其连续性。

2) 优化步骤

(1) 计算网络计划每"时间单位"的资源需用量。

(2) 从计划开始日期起,逐个检查每个"时间单位"资源需用量是否超过资源限量,如果在整个工期内每个"时间单位"均能满足资源限量的要求,则方案就编制完成;否则必须进行计划调整。

(3)分析超过资源限量的时段,按式(3-58)或式(3-59)计算 $D_{m'-n',i'-j'}$ ,依据它确定新的安排顺序。

① 对双代号网络计划:

$$D_{m'-n',i'-j'} = \min\{D_{m-n,i-j}\} \tag{3-58}$$

$$D_{m-n,i-j} = EF_{m-n} - LS_{i-j} \tag{3-59}$$

式中: $D_{m'-n',i'-j'}$ ——在各种顺序安排中,最佳顺序安排所对应的工期延长时间的最小值;

$D_{m-n,i-j}$ ——在资源冲突中的诸工作中,工作 $i$-$j$ 安排在工作 $m$-$n$ 之后进行,工期所延长的时间。

② 对单代号网络计划:

$$D_{m',i'} = \min\{D_{m,i}\} \tag{3-60}$$

$$D_{m,i} = EF_m - LS_i \tag{3-61}$$

式中: $D_{m',i'}$ ——在各种顺序安排中,最佳顺序安排所对应的工期延长时间的最小值;

$D_{m,i}$ ——在资源冲突中的诸工作中,工作 $i$ 安排在工作 $m$ 之后进行,工期所延长的时间。

(4)在最早完成时间 $EF_{m'-n'}$ 或 $EF_{m'}$ 最小值和最迟开始时间 $LS_{i'-j'}$ 或 $LS_{i'}$ 最大值同属一个工作时,应找出最早完成时间 $EF_{m'-n'}$ 或 $EF_{m'}$ 值为次小,最迟开始时间 $LS_{i'-j'}$ 或 $LS_{i'}$ 为次大的工作,分别组成两个顺序方案,再从中选取较小者进行调整。

(5)绘制调整后的网络计划,重复上述(1)~(4)的步骤,直到满足要求。

### 2. 工期固定,资源均衡

"工期固定、资源均衡"的优化是指施工项目按甲乙双方签订的合同工期或上级机关下达的工期完成,寻求资源均衡的进度计划方案。

"工期固定、资源均衡"的优化,可用"削峰填谷"方法,即利用时差降低资源高峰值,获得资源消耗量尽可能均衡的优化方案。具体步骤如下:

(1)计算网络计划每"时间单位"资源需用量。

(2)确定削峰目标,其值等于每"时间单位"资源需用量的最大值减一个单位量。

(3)找出高峰时段的最后时间 $T_h$ 及有关工作的最早开始时间 $ES_{i,j}$(或 $ES_i$)和总时差 $TF_{i-j}$(或 $TF_i$)。

(4)计算有关时间差。

对双代号网络计划

$$\Delta T_{i-j} = TF_{i-j} - (T_h - ES_{i-j}) \tag{3-62}$$

对单代号网络计划

$$\Delta T_i = TF_i - (T_h - ES_i) \tag{3-63}$$

优先以时间差值最大的工作 $i'$-$j'$ 或工作 $i'$ 为调整对象,令

$$ES_{i'-j'} = T_h \tag{3-64}$$



$$ES_{i'} = T_h \tag{3-65}$$

（5）当峰值不能在减少时，即得到优化方案；否则重复以上步骤。

## 3.5.3 费用优化

工程网络计划一经确定（工期确定），其所包含的总费用也就确定下来。网络计划所涉及的总费用是由直接费和间接费两部分组成。直接费由人工费、材料费和机械费组成，它随工期的缩短而增加；间接费属于管理费范畴，它随工期缩短而减少。由于直接费随工期缩短而增加，间接费随工期缩短而减小，两者进行叠加，必有一个总费用最少的工期，这就是费用优化所要寻求的目标，如图 3-22 所示。

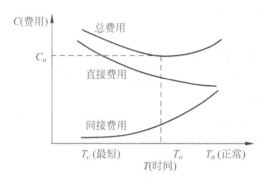

图 3-22 工期-费用曲线

**1. 费用优化的原则**

费用优化的目的就是使项目的总费用最低，优化应从以下几个方面进行考虑：

（1）在既定工期的前提下，确定项目的最低费用。

（2）在既定的最低费用限额下完成项目计划，确定最佳工期。

（3）若需要缩短工期，则考虑如何使增加的费用最小。

（4）若新增一定数量的费用，则可给工期缩短到多少。

**2. 费用优化的步骤**

费用优化应按下列步骤进行：

（1）按工作正常持续时间找出关键工作和关键线路。

（2）计算各项工作的费用率。

对双代号网络计划：

$$C_{i\text{-}j} = \frac{CC_{i\text{-}j} - CN_{i\text{-}j}}{DN_{i\text{-}j} - DC_{i\text{-}j}} \tag{3-66}$$

式中：$C_{i\text{-}j}$——工作 $i\text{-}j$ 的费用率；

$CC_{i\text{-}j}$——将工作 $i\text{-}j$ 持续时间缩短为最短持续时间后，完成该工作所需的直接费用；

$CN_{i\text{-}j}$——在正常条件下完成工作 $i\text{-}j$ 所需的直接费用；

$DN_{i-j}$——工作 $i$-$j$ 的正常持续时间；

$DC_{i-j}$——工作 $i$-$j$ 的最短持续时间。

对单代号网络计划：

$$C_i = \frac{CC_i - CN_i}{DN_i - DC_i}$$

(3-67)

式中：$C_i$——工作 $i$ 的费用率；

$CC_i$——将工作 $i$ 持续时间缩短为最短持续时间后，完成该工作所需的直接费用；

$CN_i$——在正常条件下完成工作 $i$ 所需的直接费用；

$DN_i$——工作 $i$ 的正常持续时间；

$DC_i$——工作 $i$ 的最短持续时间。

(3) 在网络计划中找出费用率（或组合费用率）最低的一项关键工作或一组关键工作，把这种工作组合称为"最小切割"。将"最小切割"作为缩短持续时间的对象。

(4) 缩短"最小切割"的持续时间，其缩短值必须符合以下几个原则：

① 不能将缩短时间的工作压缩成非关键工作；

② 缩短后其持续时间不小于最短持续时间。

(5) 计算相应增加的总费用 $C_i$。

(6) 考虑工期变化带来的间接费及其他损益，在此基础上计算总费用。

(7) 重复上述（3）～（6），一直计算到总费用最低为止。

# 思 考 题

1. 试分析双代号网络图、单代号网络图和单代号搭接网络图各有什么特点。

2. 如何判断关键线路和关键工作？关键线路的特点有哪些？

3. 工序总时差和自由时差的含义有什么不同？

4. 单代号搭接网络计划的搭接关系有哪些？

5. 什么是网络计划优化？网络计划优化分哪几种？

6. 某分部工程双代号网络计划如图 3-23 所示，指出其存在的绘图错误。

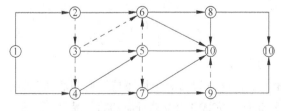

图 3-23 题 6 图

7. 某网络计划工作的逻辑关系见表 3-5。试绘制双代号网络计划图,分析影响工期的关键工作是哪几个?

表 3-5　网络计划逻辑关系

| 工作代号 | A | B | C | D | E | F | G | H | I |
|---|---|---|---|---|---|---|---|---|---|
| 紧前工作 | — | — | A | A | BC | BC | DE | DEF | GH |

8. 已知工作的逻辑关系如表 3-6 所示,试绘制双代号网络图并计算各项工作的时间参数,同时确定关键线路和总工期。

表 3-6　工作的逻辑关系

| 工作代号 | 紧前工作 | 工作历时/d | 工作代号 | 紧前工作 | 工作历时/d |
|---|---|---|---|---|---|
| A | — | 3 | G | DE | 2 |
| B | — | 4 | H | DE | 4 |
| C | A | 2 | I | GF | 3 |
| D | A | 5 | J | GF | 3 |
| E | BC | 4 | K | HI | 3 |
| F | BC | 6 | L | HIJ | 4 |

9. 某工程双代号时标网络计划如图 3-24 所示,计算各工作的总时差和自由时差,并判断关键线路。

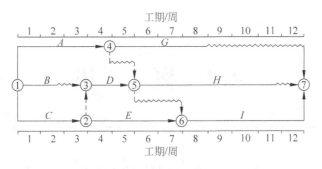

图 3-24　题 9 图

10. 某工程单代号搭接网络计划如图 3-25 所示,节点中下方数字为该工作的持续时间,判断其关键工作并确定关键线路。

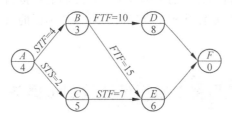

图 3-25　题 10 图

# 第4章

# 单位工程施工组织设计

本章将介绍单位工程施工组织设计的编制依据、编制内容和编制程序,并从编制的主要内容入手,详细论述单位工程施工组织设计的施工方案设计、施工进度计划、施工准备工作计划、资源需要量计划、单位工程施工平面图和主要技术组织措施,使读者能对单位工程施工组织设计编制的主要内容有个全面深入的认识。

# 4.1 概　　述

单位工程施工组织设计是由承包单位编制的,用以指导其施工全过程施工活动的技术、组织和经济的综合性文件。它的主要任务是根据编制施工组织设计的基本原则、施工组织总设计和有关原始资料,结合实际施工条件,从整个建筑物或构筑物的施工全局出发,进行最优施工方案设计,确定科学合理的分部分项工程之间的搭接与配合关系,设计符合施工现场情况的施工平面布置图,从而达到工期短、质量好、成本低的目标。

## 4.1.1　单位工程施工组织设计编制依据与内容

**1. 单位工程施工组织设计编制依据**

单位工程施工组织设计编制依据主要有以下几方面。

（1）工程承包合同或招标文件对技术标的要求，如发包单位对工程的开、竣工日期，土地申请和施工执照等方面的要求，工程承包合同中的有关规定等。

（2）施工图纸及设计单位对施工的要求，包括：单位工程的全部施工图、会审记录和标准图等有关设计资料，对于较复杂的建筑工程还要有设备图样和设备安装对土建施工的要求，及设计单位对新结构、新材料、新技术和新工艺的要求。

（3）施工企业年度生产计划对该工程的安排和规定的有关指标，如进度、其他项目穿插施工的要求等。

（4）施工组织总设计或大纲对该工程的有关规定和安排。

（5）发包单位可能提供的条件和水、电供应情况，如发包单位可能提供的临时房屋数量，水、电供应量，水压、电压能否满足施工要求等。

（6）资源配备情况，如施工中需要的劳动力、施工机具和设备、材料、预制构件和加工品的供应能力和来源情况。

（7）施工现场条件和勘察资料，如施工现场的地形、地貌、地上与地下的障碍物、工程地质和水文地质、气象资料、交通运输道路及场地面积等。

（8）预算或报价文件和有关规程、规范等资料。工程的预算文件等提供了工程量和预算成本。国家和施工验收规范、质量标准、操作规程和有关定额是确定施工方案、编制进度计划等的主要依据。

**2. 单位工程施工组织设计的编制内容**

单位工程施工组织设计的内容，根据设计阶段、工程性质、工程规模和施工复杂程度，其内容、深度和广度要求不同，但内容必须简明扼要，从实际出发，使其真正起到指导建筑工程投标、指导现场施工的目的。单位工程施工组织设计较完整的内容通常包括：

（1）工程概况和施工特点分析；

（2）施工方法与相应的技术组织措施，即施工方案；

（3）单位工程施工进度计划；

（4）单位工程施工准备工作计划；

（5）劳动力、材料、构件和施工机械等需要量计划；

（6）单位工程施工平面图；

（7）保证质量、安全、降低成本等技术措施；

（8）各项技术经济指标。

## 4.1.2　单位工程施工组织设计的编制程序

单位工程施工组织设计的编制程序如图 4-1 所示。

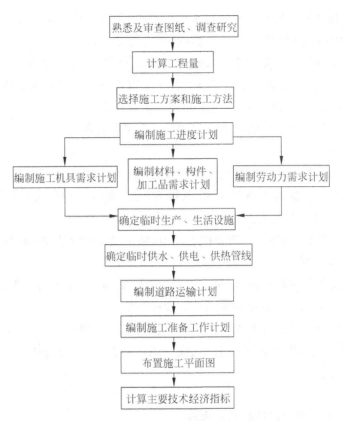

图 4-1 单位工程施工组织设计的编制程序

## 4.1.3 工程概况和施工特点分析

工程概况和施工特点分析是对拟建工程的工程特点、地点特征和施工条件等所作的一个简要的、突出重点的文字介绍。有时也可用表格形式介绍,简洁明了,如表 4-1 所示。必要时附以平面、立面、剖面图以及主要分部分项工程一览表。

表 4-1 ××工程概况表

| 建设单位 | | | 工程名称 | | |
| --- | --- | --- | --- | --- | --- |
| 设计单位 | | | 开工日期 | | |
| 监理单位 | | | 竣工日期 | | |
| 工程概况 | 建筑面积 | | 现场概况 | 工程投资额 | |
| | 建筑高度 | | | 施工用水 | |
| | 建筑层数 | | | 施工用电 | |
| | 结构形式 | | | 施工道路 | |
| | 基础类型及埋深 | | | 地下水位 | |
| | 抗震设防烈度 | | | 冻结深度 | |

**1.工程建设概况**

工程建设概况主要介绍拟建工程的建设单位、工程名称、性质、用途、作用、资金来源及工程投资额、开竣工日期、设计单位、施工单位、施工图纸情况、施工合同、主管部门的有关文件或要求、组织施工的指导思想等,并附以主要分部分项工程一览表,如表 4-2 所示。

表 4-2　主要分部分项工程一览表

| 序号 | 分部分项工程名称 | 单位 | 工程量 | 序号 | 分部分项工程名称 | 单位 | 工程量 |
|---|---|---|---|---|---|---|---|
| 一 | 基础工程 | | | 4 | 回填土 | | |
| 1 | 挖基槽 | | | 二 | 主体结构工程 | | |
| 2 | 混凝土垫层 | | | 5 | 钢筋工程 | | |
| 3 | 砌基础 | | | 6 | 模板工程 | | |

**2.工程建设地点特征**

一般需说明:拟建工程的位置、地形、工程地质和水文地质条件、不同深度土壤的分析、冻结期间与冻结厚度、地下水位、水质、气温、冬雨期施工起止时间、主导风向、风力等。

**3.建筑、结构设计概况**

(1)建筑设计特点

一般需说明:拟建工程的建筑面积、平面形状和平面组合情况、层数、层高、总高、总宽、总长等尺寸及室内外装修情况。

(2)结构设计特点

一般需说明:基础类型、埋置深度、主体结构的类型、预制构件的类型及安装位置等。

**4.施工条件**

施工条件包括水、电、道路及场地的"三通一平"情况,现场临时设施及周围环境,当地交通运输条件,预制构件生产及供应情况,施工企业机械、设备和劳动力的落实情况,劳动组织形式和内部承包方式等。

**5.工程施工特点分析**

通过分析,应指出单位工程的施工特点和施工中的关键问题,以便在选择施工方案、组织资源供应和技术力量配备,以及在施工准备工作上采取有效措施,使解决关键问题的措施落实于施工之前,使施工顺利进行,提高施工企业的经济效益和管理水平。

不同类型的建筑、不同条件下的工程施工,均有其不同的施工特点,如现浇钢筋混凝土高层建筑的施工特点主要是:结构和施工机具设备的稳定性要求高,钢材加工量大,混凝土浇筑难度大,脚手架搭设必须进行设计计算、安全问题突出等。

## 4.1.4　主要技术组织措施

技术组织措施主要是指在技术、组织方面对保证质量、安全、节约和季节施工所采用的方法。根据工程特点和施工条件,主要制定以下技术组织措施。

### 1. 技术措施

对采用新材料、新结构、新技术的工程,以及高耸、大跨度、重型构件、深基础的特殊工程,在施工中应制定相应的技术措施。其内容一般包括:

(1) 要表明工程的平面、剖面示意图以及工程量一览表;

(2) 施工方法的特殊要求、工艺流程、技术要求;

(3) 水下混凝土浇筑及冬雨期施工措施;

(4) 材料、构件和机具的特点、使用方法和需要量。

### 2. 保证工程质量措施

保证质量的关键是对工程施工中经常发生的质量通病制定防治措施,以及对采用新工艺、新材料、新技术和新结构制定有针对性的技术措施,确保基础质量的措施,保证主体结构中关键部位质量的措施,以及复杂特殊工程的施工技术组织措施等。

(1) 保证定位放线、轴线尺寸、标高测量等准确无误的措施;

(2) 保证地基承载力、基础、地下结构及防水施工质量的措施;

(3) 保证主体结构等关键部位施工质量的措施;

(4) 保证屋面、装修工程施工质量的措施;

(5) 保证采用新工艺、新材料、新技术和新结构的工程施工质量的措施;

(6) 保证工程质量的组织措施,如现场管理机构的设置、人员培训、建立质量检查制度等。

### 3. 保证施工安全措施

保证安全的关键是贯彻安全操作规程,对施工中可能发生的安全问题提出预防措施并加以落实。保证安全的措施主要包括以下几个方面:

(1) 保证土方边坡稳定的措施;

(2) 脚手架、吊篮、安全网的设置和防止人员坠落各类洞口的措施;

(3) 外用电梯、井架及塔吊等垂直运输机具的拉结要求和防倒塌措施;

(4) 安全用电和机电设备防短路、防触电措施;

(5) 易燃、易爆、有毒作业场所的防火、防爆、防毒措施;

(6) 季节性安全措施,如防洪防雨、防暑降温、防滑、防火、防冻;

(7) 现场周围通行道路及居民安全保护、隔离措施;

(8) 确保施工安全的宣传、教育及检查等组织工作。

**4. 环境与职业健康管理的措施**

为了保护环境,防止在城市施工中造成污染,在编制施工组织设计时应提出保护环境和职业健康、防止污染的措施。通常包括以下几个方面:

（1）项目环境与职业健康管理的组织机构与职责划分;

（2）防止施工废水污染环境的措施,如搅拌机冲洗废水、灰浆水等;

（3）防止废气污染环境的措施,如熟化石灰等;

（4）防止垃圾粉尘污染环境的措施,如运输土方与垃圾、散装材料堆放等;

（5）防止噪声污染措施,如混凝土搅拌、振捣等。

**5. 降低工程成本措施**

降低成本措施包括提高劳动生产率、节约劳动力、节约材料、节约机械设备费用、节约临时设施费用等方面的措施,它是根据施工预算和技术组织措施计划进行编制的。

（1）合理进行土方平衡调配,以节约台班费;

（2）综合利用吊装机械,减少吊次,以节约台班费;

（3）提高模板安装精度,采用整装整拆,加速模板周转,以便节约木材或钢材;

（4）混凝土、砂浆中掺加外加剂或混合料,以便节约水泥;

（5）采用先进的焊接技术,以便节约钢材;

（6）构件及半成品采用预制拼装、整体安装的办法,以便节约人工费、机械费等。

**6. 冬雨季施工措施**

有冬雨季施工时应制定本项措施,以保证工程的施工质量、安全、工期和节约。

（1）雨季施工:要根据当地的雨量、雨季及雨季施工的工程部位和特点制定措施。要在防淋、防潮、防泡、防淹、防质量安全事故、防拖延工期等方面,分别采用遮盖、疏导、堵挡、排水、防雷、合理储存、改变施工顺序、避雨施工、加固防陷等措施。

（2）冬季施工:要根据当地的气温、降雪量、工程部位、施工内容及施工单位的条件,按有关规范及《冬季施工手册》等有关资料,制定保温、防冻、改善操作环境、保证质量、控制工期、安全施工、减少浪费的有效措施。

**7. 现场管理与文明施工措施**

（1）施工现场设置围栏与标牌,保证出入口交通安全、道路畅通、场地平整、安全与消防设施齐全;

（2）临时设施的规划与搭设应符合生产、生活和环境卫生的要求;

（3）各种建筑材料、半成品、构件的堆放与管理有序;

（4）散碎材料、施工垃圾的封闭运输及防止各种环境污染;

（5）及时进行成品保护及施工机具保养。

# 4.2 施工方案设计

施工方案设计是单位工程施工组织设计的核心问题。施工方案合理与否将直接影响工程的施工效率、质量、工期和技术经济效果,必须引起足够重视。施工方案的设计一般包括:确定施工程序、施工起点流向、施工顺序、主要分部分项工程的施工方法和施工机械以及技术经济评价。

## 4.2.1 确定施工程序

单位工程的施工程序一般为:落实施工任务,签订施工合同;开工前准备;全面施工;竣工验收。每一阶段都必须完成规定的工作内容,并为下一阶段工作创造条件。

### 1. 承接施工任务阶段

建筑企业承接施工任务的方式主要有三种:一是国家或上级主管单位统一安排,直接下达的任务;二是建筑企业自己主动对外接受的任务或是建设单位主动委托的任务;三是公开投标而中标得到的任务。在市场经济条件下,国家直接下达任务的方式已逐渐减少。通过投标而中标的方式承接施工任务的较多,这也是建筑业和基本建设管理体制改革的一项重要措施。

### 2. 开工前准备阶段

开工前准备阶段是继签订合同之后,为单位工程开工创造必要条件的阶段。一般开工前必须具备如下条件:施工执照已办理;施工图纸经过会审,施工预算已编制;施工组织设计已经批准并已交底;场地土石方平整、障碍物的清除和场内外交通道路已经基本完成;施工用水、电、排水均可满足施工需要;永久性或半永久性坐标和水准点已经设置;各种设施的建设基本能满足开工后生产和生活的需要;材料、成品、半成品和必要的工业设备有适当的储备,并能陆续进入现场,保证连续施工;施工机械设备已进入现场,并能保证正常运转;劳动力计划落实,随时可以调动进场,并已进行必要的技术安全防火教育。在此基础上,写出开工报告,并经建设主管部门审查批准后方可开工。

### 3. 全面施工阶段

施工方案主要解决这个阶段的施工程序,主要遵循的程序如下。

（1）先地下、后地上

施工时通常应首先完成管道、管线等地下设施、土方工程和基础工程，然后开始地上工程施工。采用逆作法施工时除外。

（2）先主体、后围护

施工时应先进行框架主体结构施工，然后进行围护结构施工。

（3）先结构、后装饰

施工时先进行主体结构施工，然后进行装饰工程施工。但是，随着新建筑体系的不断涌现和建筑工业化水平的提高，某些装饰与结构构件均在工厂完成，此时结构与装饰同时完成。

（4）先土建、后设备

先土建、后设备是指一般的土建与水暖电卫等工程的总体施工顺序。施工时某些工序可能要穿插在土建的某一工序之前进行，但不影响总体的施工顺序。至于工业建筑中土建与设备安装工程之间的顺序取决于工业建筑的类型，如精密仪器厂房，一般要求土建、装饰工程完成后安装工艺设备。重型工业厂房，一般先安装工艺设备后建设厂房或设备安装与土建施工同时进行，如冶金车间、发电厂的主厂房、水泥厂的主车间等。

以上原则不是一成不变的，在特殊情况下，如在冬季施工之前，应尽可能完成土建和围护工程，以利于施工中的防寒和室内作业的开展，从而达到改善工人劳动环境、缩短工期的目的。

**4. 竣工验收阶段**

单位工程施工完成以后，施工单位应内部预先验收，严格检查工程质量，整理各项技术经济资料。然后经建设单位、监理单位和质量监督站交工验收，经检查合格后，双方办理交工验收手续及有关事宜。

## 4.2.2 确定施工起点流向

**1. 施工流向概念**

施工流向是指单位工程在平面（施工段）和空间（施工层）上施工开始的部位及其展开方向。它是对拟建工程由局部到整体形成过程的一个粗略规划，对单位工程的施工方法、施工步骤有着决定性影响。例如多层房屋的现场装饰工程是自下而上还是自上而下进行。它牵涉一系列施工活动的开展和进程，是组织施工活动的重要环节。确定起点流向前，需要先确定施工段及施工层。

**2. 确定施工流向时应考虑的因素**

（1）车间的生产工艺流程，往往是确定施工流向的关键因素。因此，从生产工艺上考虑，影响其他工段试车投产的工段应该先施工。如 B 车间生产的产品需受 A 车间生产的产品影响，A 车间划分为三个施工段，因此，Ⅱ、Ⅲ 段的生产受 Ⅰ 段的约束，故其施工起点流向应从 A 车间的 I 段的开始,如图 4-2 所示。

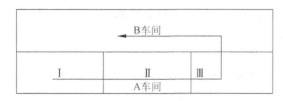

图 4-2　车间的施工流向

(2) 建设单位对生产和使用的要求。一般应考虑建设单位对生产或使用较急的工段或部位先施工。

(3) 工程的繁简程度和施工过程间的相互关系。一般技术复杂、施工进度较慢、工期较长的区段或部位应先施工。

(4) 房屋高低层和高低跨。如柱子的吊装应从高低跨并列处开始;屋面防水层施工应按先高后低的方向施工,同一屋面则由檐口到屋脊方向施工;基础有深浅时,应按先深后浅的顺序施工。

(5) 工程现场条件和施工方案。施工场地的大小、道路布置和施工方案中采用的施工方法和机械是确定施工起点和流向的主要因素。如土方工程边开挖边余土外运,则施工起点应确定在离道路远的部位和由远及近的进展方向。

(6) 分部分项工程的特点及其相互关系。如室内装修工程除平面上的起点和流向以外,在竖向上还要决定其流向,而竖向的流向确定更为重要。密切相关的分部分项工程的流水,如果前导施工过程的起点流向确定,则后续施工过程也便随其而定了。如单层工业厂房的挖土工程的起点流向决定柱基础施工过程和某些预制、吊装施工过程的起点流向。

### 3. 室内装饰工程的三种施工起点流向

室内装饰工程有自上而下、自下而上以及自中而下再自上而中的三种施工起点流向。

(1) 自上而下是指主体结构工程封顶,做好屋面防水以后,从顶层开始,逐层向下进行,如图 4-3 所示。其施工流程有水平向下(图 4-3(a))和垂直向下(图 4-3(b))两种情况。其优点是主体结构完成后有一定的沉降时间,且防水层已做好,容易保证装饰工程质量不受沉降和下雨影响,而且工序之间交叉少,便于施工和成品保护。其缺点是不能与主体工程搭接施

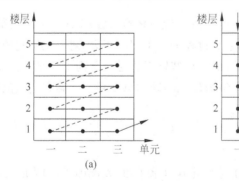

图 4-3　室内装饰工程自上而下的起点流向
(a) 水平向下;(b) 垂直向下

工,工期较长。因此当工期不紧时,可选择此种施工起点流向。

(2) 自下而上是指主体结构工程施工完成第三层楼板后,室内装饰工程从第一层插入,逐层向上进行,如图 4-4 所示。其施工流程有水平向上(图 4-4(a))和垂直向上(图 4-4(b))两种。其优点是主体与装饰交叉施工,工期短;缺点是工序之间交叉多,成品保护难,质量和安全不易保证。因此如选择此种施工起点流向,必须采取一定的技术组织措施来保证质量和安全,当工期紧时可采取此种施工起点流向。

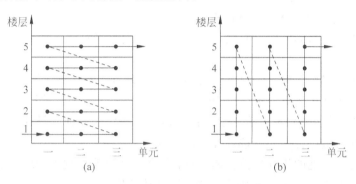

图 4-4 室内装饰工程自下而上的起点流向
(a) 水平向上;(b) 垂直向上

(3) 自中而下再自上而中的施工起点流向综合了前两者的优点,一般适用于组织高层建筑的室内装饰工程施工,如图 4-5 所示。其施工流程有水平流向(图 4-5(a))和垂直流向(图 4-5(b))两种。

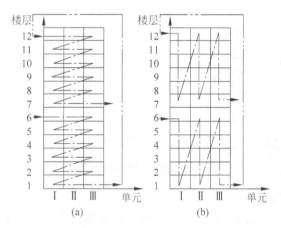

图 4-5 室内装饰工程自中而下再自上而中的起点流向
(a) 水平流向;(b) 垂直流向

## 4.2.3 确定施工顺序

施工顺序是指分项工程或工序之间在时间上的先后顺序。确定施工顺序一是要保证按施工规律组织施工,二是要解决各专业工种在时间上的搭接问题,以满足计划编制的需要。

**1. 确定施工顺序时应考虑的因素**

(1) 遵循施工程序。施工顺序应在不违背施工程序的前提下确定。

(2) 符合施工工艺。施工顺序应与施工工艺顺序相一致,如现浇柱的施工顺序为:绑钢筋→支模板→浇混凝土→养护→拆模。

(3) 与施工方法协调一致,如预制柱的施工顺序为:支模板→绑钢筋→浇混凝土→养护→拆模。

(4) 必须考虑工期和施工组织的要求,如室内外装饰工程的施工顺序。

(5) 必须考虑施工质量要求。安排施工顺序时,要以保证工程质量为前提,影响工程质量时,要重新安排施工顺序或采取必要的技术措施。如外墙装饰安排在屋面卷材防水施工后进行;楼梯抹面最好自上而下进行,以保证质量。

(6) 必须考虑当地的气候条件。如冬季和雨季施工到来之前,应尽量先做基础工程、室外工程、门窗玻璃工程,为地上和室内工程施工创造条件。

(7) 考虑施工安全要求。在立体交叉、平行搭接施工时,一定要注意安全问题。

**2. 多层混合结构民用房屋的施工顺序**

多层混合结构居住房屋的施工,通常可划分为基础工程、主体结构工程、屋面及装饰工程三个阶段,如图 4-6 所示。

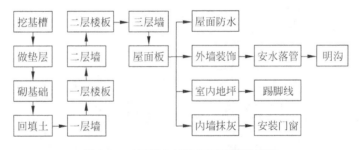

图 4-6 三层混合结构房屋的施工顺序

(1) 基础工程的施工顺序

基础工程阶段是指定室内地坪(±0.000m)以下的所有工程的施工阶段。其工程顺序一般是:挖土→做垫层→砌基础→铺设防潮层→回填土。如果有地下障碍物、坟穴、防空洞、软弱地基等情况,需先进行处理;如有桩基础,应先进行桩基础施工;如有地下室,则在基础砌完或砌完一部分后,砌筑地下室墙,在做完防潮层后浇筑地下室顶板,最后回填土。

需注意,挖土与垫层施工搭接要紧凑,间隔时间不宜太长,以防止雨后基槽积水,影响地基承载力。此外,垫层施工后要留有技术间歇时间,使其具有一定强度后,再进行下道工序。各种管沟的挖土、管道铺设等应尽可能与基础施工配合,平行搭接进行。一般回填土在基础完工后一次分层夯填,为后续施工创造条件。对零标高以下的室内回填土,最好与基槽回填土同时进行,如不能,也可留在装饰工程之前,与主体结构施工同时交叉进行。

（2）主体结构工程的施工顺序

主体结构工程阶段的工作，通常包括脚手架、墙体砌筑、安门窗框、安预制过梁、现浇预制楼板，现浇卫生间楼板、雨篷和圈梁，现浇楼梯、现浇屋面板等分项工程。其中墙体砌筑与安装楼板为主导工程。现浇卫生间楼板的支模、绑筋可安排在墙体砌筑的最后一步插入，在浇筑圈梁的同时浇筑卫生间楼板。现浇楼梯时，更应与楼层施工紧密配合，否则由于养护时间影响，将使后续工程不能如期进行。

（3）屋面工程的施工顺序

这个阶段具有施工内容多、劳动消耗最大、手工操作多、需要时间长等特点。

屋面工程施工顺序一般为找平层→隔气层→保温层→找平层→防水层。对于刚性防水层面的现浇钢筋混凝土防水层、分格缝施工应在主体结构完成后开始并尽快完成，以便为室内装饰创造条件。一般情况下，屋面工程可以和装饰工程搭接或平行施工。

（4）装饰工程的施工顺序

装饰工程可分为室外装饰（外墙抹灰、勒脚、散水、台阶、明沟、水落管等）和室内装修（顶棚、墙面、地面、楼梯、抹灰、刮大白、门窗框安装，门窗玻璃安装，做踢脚线等）。室内外装饰工程的施工顺序通常有先内后外、先外后内、内外同时进行三种顺序，视施工条件和气候条件而定。通常室外装饰应避开冬季或雨季。当室内为水磨石楼面时，为防止楼面施工时渗漏水对外墙面的影响，应先完成水磨石的施工；如果为了加快脚手架周转或要赶在冬雨季到来之前完成外装修，则应采取先外后内的顺序。

同一层的室内抹灰施工顺序有地面→顶棚→墙面和顶棚→墙面→地面两种。前一种顺序便于清理地面和保证地面质量，且便于收集墙面和顶棚的落地灰。但由于地面需要养护时间及采取保护措施，使墙面和顶棚抹灰时间推迟，工期较长。后一种顺序做地面前需清除顶棚和墙面上的落地灰和渣子后再做面层，否则会影响地面面层同楼板间的黏结，引起地面起鼓。目前后一种顺序较为常用。

底层地面一般多是在各层顶棚、墙面、楼面做好之后进行。楼梯间和踏步抹面，由于其在施工期间较易损坏，通常在其他抹灰工程完成后，自上而下统一施工。门窗框安装一般在抹灰之前进行，而门窗玻璃安装一般在外装饰和内墙大白之后进行，这样可以使玻璃清洁和完好无损。

室外装饰工程在由上而下每层装饰、落水管等分项工程全部完成后，即开始拆除该层的脚手架，然后进行散水坡及台阶的施工。

（5）水暖电卫等工程的施工顺序

水暖电卫工程不同于土建工程，可分成几个明显的施工阶段，它一般与土建工程中有关分部分项工程之间进行交叉施工，紧密配合。

在基础工程施工时，先做好相应的上下水管沟和暖气管沟的垫层、管沟墙、管沟盖板，然后回填土。

在主体结构施工时，应在砌砖墙或现浇钢筋混凝土楼板同时，预留上下水管和暖气立管的孔洞、电线孔槽或预埋木砖和其他预埋件。

在装饰工程施工前，安设相应的各管道和电气照明用的附墙暗管、接线盒等。水暖电卫安装一般在楼地面和墙面抹灰前或后穿插施工。若电线采用明线，则应在室内大白后进行。

室外管网工程的施工可以安排在土建工程后或同时施工。

### 3. 高层现浇混凝土结构综合商住楼的施工顺序

高层现浇混凝土结构综合商住楼的施工,由于采用的结构体系不同,其施工方法和施工顺序也不尽相同,下面以墙柱结构采用滑模施工方法为例进行介绍。施工时通常可划分为基础及地下室工程、主体工程、装饰装修工程几个阶段,如图4-7所示。

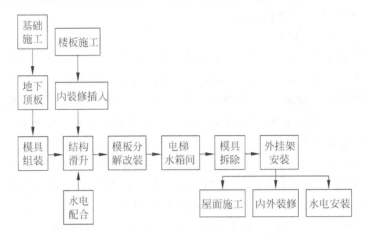

图 4-7　滑模施工高层商住楼施工顺序

（1）基础和地下室工程的施工顺序

高层建筑的基础均为深基础,由于基础的类型和位置等不同,其施工方法和顺序也不同,如可以采用逆作法施工。当采用通常的由下而上的顺序时,一般为:

挖土→清槽→验槽→桩施工→桩头处理→垫层→做防水层→保护层→测量放线→桩承台梁板绑筋→混凝土浇筑→养护→测量放线→施工缝处理→地下室墙体绑筋→地下室墙体模板→混凝土浇筑→地下室顶板梁板支模→梁板绑筋→混凝土浇筑→养护→拆地下室墙体模板→外墙防水→保护层→回填土。

施工中要注意防水工程和承台梁板大体积混凝土以及深基础支护结构的施工。

（2）主体工程的施工顺序

结构滑升采用液压模逐层空滑现浇楼板并进施工工艺,滑升阶段的施工顺序如图4-8所示。

（3）屋面和装饰装修工程的施工顺序

屋面工程的施工顺序与混合结构居住房屋的屋面工程基本相同。

装饰装修工程的分项工程及施工顺序随装饰设计不同而不同。室内装饰装修工程的施工顺序一般为:结构处理→测量放线→做轻质隔墙→门安装、立窗框→各种管道安装→抹灰→管道试压→墙面喷涂贴面→吊顶→地面清理→做地面、贴地砖→安装窗玻璃→风口、灯具、洁具安装→调试→清理。

室外装饰工程(含外墙保温、涂料)的施工顺序一般为:结构处理→抹聚合物水泥砂浆胶黏剂→贴苯板、安装锚固件→抹聚合物抹面砂浆→铺耐碱玻璃纤维网格布→抹聚合物抹面砂浆→满刮腻子→打磨→刷底层涂料→局部补腻子、打磨→刷面层涂料→清理。

高层建筑的结构类型较多,如筒体结构、框剪结构、剪力墙结构等,施工方法也较多,如

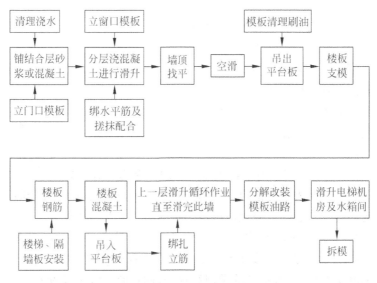

图 4-8 主体工程施工顺序

滑模法、升板法等。因此施工顺序一定要与之协调一致,没有固定模式可循。

## 4.2.4 施工方法和施工机械选择

施工方法和施工机械的选择,直接影响施工进度、工程质量、施工安全和工程成本。编制施工组织设计时,必须根据工程的建设结构、抗震要求、工程量大小、工期长短、资源供应情况、施工现场条件和周围环境制定出可行方案,并进行技术经济比较,确定最优方案。

**1. 施工方法与机械选择的内容**

选择施工方法时应着重考虑影响整个单位工程施工的分部分项工程的施工方法,如在单位工程中占重要地位的分部分项工程、施工技术复杂或采用新技术、新工艺对工程质量起关键作用的分部分项工程、不熟悉的特殊结构工程或由专业施工单位施工的特殊专业工程的施工方法,要求详细而且具体,提出质量要求及达到这些质量要求的技术措施和安全措施。对于按照常规做法和工人熟悉的分项工程,只需提出应注意的特殊问题,不必详细拟定施工方法。

施工方法与机械选择一般包括以下内容:

1)土石方工程

(1)计算土石方工程的工程量,确定土石方开挖或爆破方法,选择土石方施工机械;

(2)确定土壁放边坡的坡度系数或土壁支撑形式以及板桩打设方法等;

(3)选择排除地面水、地下水的方法,确定排水沟、集水井或井点布置方案所需设备;

(4)确定土石方平衡调配方案。

2)基础工程

(1)浅基础的垫层、混凝土基础和钢筋混凝土基础施工的技术要求,以及地下室施工的技术要求；

(2) 桩基础施工的施工方法和施工机械选择。

3) 砌筑工程

(1) 墙体的组砌方法和质量要求；

(2) 弹线及皮数杆的控制要求；

(3) 确定脚手架搭设方法及安全网的挂设方法；

(4) 选择垂直和水平运输机械。

4) 钢筋混凝土工程

(1) 确定混凝土工程施工方案：滑模法、升板法、泵送等施工方法；

(2) 确定模板类型及支模方法，对于复杂工程还需进行模板设计和绘制模板放样图；

(3) 选择钢筋的加工、绑扎、焊接或机械连接的施工方法与措施；

(4) 选择混凝土的制备方案，如采用商品混凝土还是现场拌制混凝土；确定搅拌、运输、浇筑顺序和方法，以及泵送混凝土和普通混凝土垂直运输的机械选择；

(5) 选择混凝土搅拌、振捣设备的类型和规格，确定施工缝留设位置；

(6) 确定预应力混凝土的施工方法、控制应力和张拉设备。

5) 结构安装工程

(1) 确定起重机械类型、型号和数量；

(2) 确定结构安装方法(如分件吊装法还是综合吊装法)，安排吊装顺序、机械位置和开行路线及构件的制作、拼装场地；

(3) 确定构件运输、装卸、堆放方法和所需机具设备的规格、数量和运输道路要求。

6) 屋面工程

(1) 屋面工程各个分项工程施工的操作要求；

(2) 确定屋面材料的运输方式和现场存放方式。

7) 装饰工程

(1) 各种装饰工程的操作方法及质量要求；

(2) 确定材料运输方式及储存要求；

(3) 确定所需机具设备。

8) 现场垂直运输和水平运输

(1) 明确垂直运输和水平运输方式、布置位置、开行路线，选择垂直运输及水平运输机具型号和数量；

(2) 根据不同建筑类型，确定脚手架所用材料、搭设方法及安全网的挂设方法。

**2. 选择施工机械时应注意的问题**

(1) 应首先根据工程特点选择适宜的主导工程施工机械。如在选择装配式单层工业厂房结构安装用的起重机械类型时，若工程量大而集中，可以采用生产率较高的塔式起重机或桅杆式起重机；若工程量较小或虽大却较分散时，则采用无轨自行式起重机械；在选择起重机型号时，应使起重机性能满足起重量、安装高度、起重半径和臂长的要求。

(2) 各种辅助机械应与直接配套的主导机械的生产能力协调一致，如土方工程中自卸汽车的选择，应考虑使挖掘机的效率充分发挥出来。

（3）在同一建筑工地上的建筑机械的种类和型号应尽可能少。对于工程量大的工程应采用专用机械；对于工程量小而分散的情况，应尽量采用多用途的机械。

（4）尽量选用施工单位的现有机械，以减少施工的投资额，提高现有机械的利用率降低工程成本。若现有机械不能满足工程需要，则可以考虑购置或租赁。

（5）确定各个分部工程垂直运输方案时应进行综合分析，统一考虑。

## 4.2.5 施工方案的技术经济评价

施工方案的技术经济评价是选择最优施工方案的重要途径。它是从几个可行方案中选出一个工期短、成本低、质量好、材料省、劳动力安排合理的最优方案。

常用的方法有定性分析和定量分析两种。

### 1. 定性分析评价

施工方案的定性技术经济评价是结合施工实际经验，对若干施工方案的优缺点进行分析比较。通常主要从以下几个指标来评价：技术上是否可行，施工复杂程度和安全可靠性如何，劳动力和机械设备能上能否满足需要，是否能充分发挥现有机械的作用，保证质量的措施是否完善可靠，对冬季施工带来多大困难，等等。

### 2. 定量分析评价

施工方案的定量技术经济分析评价是通过计算各方案的几个主要技术经济指标，进行综合比较分析，选择技术指标较佳的方案。定量分析评价通常有两种方法。

1）多指标分析方法

该方法是用价值指标、实物指标和工期指标等一系列单个的技术经济指标，对各个方案进行分析对比，从中选优。

定量分析的指标通常有以下几项。

（1）工期指标。当要求工程尽快完成以便尽早投入生产或使用时，选择施工方案就要在确保工程质量、安全和成本较低的条件下，优先考虑缩短工期。

（2）劳动量指标。它能反映施工机械化程度和劳动生产率水平。通常，在方案中劳动消耗越小，机械化程度和劳动生产率越高。劳动消耗指标以工日数计算。

（3）主要材料消耗指标。它反映若干施工方案的主要材料节约情况。

（4）成本指标。它反映施工方案的成本高低，一般需计算方案所用的直接费和间接费。成本指标 $C$ 可由下式计算：

$$C = 直接费 \times (1 + 综合费率) \tag{4-1}$$

其中综合费率指其他直接费和现场经费的取费比例，有时按全部成本计算，也包含企业管理费等。它与建设地区、工程类型、专业工程性质、承包方式等有关。

（5）投资额指标。当选定的施工方案需要增加新的投资时，如需购买新的施工机械或设备，则需设增加投资额的指标进行比较，低者为好。

2) 综合指标分析法

综合指标分析法是以多指标为基础,将各指标的值按照一定的计算方法进行综合后得到一个综合指标进行评价。

通常的方法是:首先根据多指标中各个指标在评价中重要性的相对程度,分别定出权值 $W_i$;再用同一指标依据其在各方案中的优劣程度定出其相应的分值 $C_{ij}$。设有 $m$ 个方案和 $n$ 种指标,则第 $j$ 方案的综合指标值 $A_j$ 为

$$A_j = \sum_{i=1}^{n} C_{ij} \cdot W_i \quad (j = 1, 2, \cdots, m) \tag{4-2}$$

综合指标值 $A_j$ 最大者为最优方案。

# 4.3　单位工程施工进度计划

单位工程施工进度计划是指在选定施工方案的基础上,根据规定工期和各种资源供应条件,按照施工过程的合理施工顺序及组织施工的原则,用横道图或网络图对单位工程从开始施工到工程全部竣工,整个施工过程中时间上和空间上的合理安排。

## 4.3.1　施工进度计划的作用

单位工程施工进度计划的作用主要有:

(1) 安排单位工程的施工进度,保证在规定工期内完成符合质量要求的工程任务;

(2) 确定单位工程中各个施工过程的施工顺序、持续时间、相互衔接和合理配合关系;

(3) 为编制季度、月、旬生产作业计划提供依据;

(4) 为编制各种资源需要量计划和施工准备工作计划提供依据。

## 4.3.2　编制依据

编制单位工程施工进度计划,主要依据下列资料:

(1) 经过审批的建筑总平面图、地形图、单位工程施工图、工艺设计图、设备基础图、采用的标准图集以及技术资料;

（2）施工组织总设计对本单位工程的有关规定；

（3）施工工期要求及开、竣工日期；

（4）施工条件，包括劳动力、材料、构件及机械的供应条件，分包单位的情况等；

（5）主要分部分项工程的施工方案；

（6）劳动定额及机械台班定额；

（7）其他有关要求和资料。

## 4.3.3 施工进度计划的表示方法

施工进度计划一般用图表表示，经常采用的有两种形式：横道图和网络图。横道图的形式如表 4-3 所示。

表 4-3 单位工程施工进度计划横道图表

| 序号 | 分部分项工程名称 | 工程量 | 时间定额 | 劳动量 | 需要机械 | 每天工作人数 | 施工进度 月 | |
|---|---|---|---|---|---|---|---|---|
| | | | | | | | 5 | 10 |
| | | | | | | | | |
| | | | | | | | | |
| | | | | | | | | |
| | | | | | | | | |

从表中可以形象地表示出各个分部分项工程的施工进度和总工期；能够反映出各分部分项工程的相互关系和各个施工队在时间和空间上开展工作的相互配合关系。

## 4.3.4 编制内容和步骤

### 1. 划分施工过程

编制进度计划时，首先应按照图纸和施工顺序将拟建单位工程的各个施工过程列出，并结合施工方法、施工条件、劳动组织等因素适当调整，使其成为编制施工进度计划所需的施工过程。

通常施工进度计划表中只列出直接在建筑物或构筑物上进行施工的砌筑安装类施工过程，而不列出构件制作和运输，如门窗制作和运输等制备类、运输类施工过程。但当某些构件采用现场就地预制方案，单独占有工期，且对其他分部分项工程的施工有影响或其运输工作需与其他分部分项工程的施工密切配合（如楼板随运随吊）时，也需将这些制作类和运输类施工过程列入。

在确定施工过程时,应注意以下几个问题:

(1) 施工项目划分的粗细程度,应根据进度计划的编制需要来确定。施工过程划分的粗细程度,主要根据单位工程施工进度计划的客观作用而定。对控制性施工进度计划,项目划分得粗一些,通常只列出分部工程名称。如混合结构居住房屋的控制性施工进度计划,只列出基础工程、主体工程、屋面工程和装修工程四个施工过程。对于实施性的施工进度计划,项目划分得要细一些,通常要列到分项工程。如上面所说的屋面工程还要划分为找平层、隔气层、保温层、防水层等分项工程。

(2) 施工过程的划分要结合所选择的施工方案。如结构安装工程,若采用分件吊装法,则施工过程的名称、数量和内容及其安装顺序应根据构件来确定;若采用综合吊装法,则施工过程应按施工单元(节间、区段)来确定。

(3) 适当简化施工进度计划的内容,避免施工项目划分过细、重点不突出。可考虑将某些穿插性分项工程合并到主要分项工程中去;对于次要的、零星的分项工程,可合并为"其他工程"一项列入。

(4) 有技术间歇要求的项目必须单列,不能合并。

(5) 对于一些次要、零星的施工项目,如讲台砌筑、抹灰,室外花池、台阶施工等,可以合并为"其他工程"列入计划表中,不计算具体时间,只根据实际情况确定其劳动量,大约占总劳动量的 10%～20%。

### 2. 计算工程量

计算工程量时,一般可以直接采用施工图预算的数据,但应注意有些项目的工程量应按实际情况作适当调整。如计算柱基土方工程量时,应根据土壤的级别和采用的施工方法(单独基坑开挖、基槽开挖还是大开挖,放边坡还是加支撑)等实际情况进行计算。计算工程量应注意以下几个问题:

(1) 工程量计算单位应与现行施工定额中相应项目的单位相一致,以便计算劳动量及材料需要量时可直接套用定额,不必进行换算。

(2) 工程量计算应符合所选定的施工方法和安全技术要求。

(3) 按照施工组织的要求,分区、分段、分层计算工程量,以便组织流水作业。

(4) 应合理利用预算文件中的工程量,以避免重复计算。直接采用预算文件中的工程量时,应按施工过程的划分情况将预算文件中有关项目的工程量汇总。如"砌筑砖墙"一项要将预算中按内墙、外墙,按不同墙厚、不同砌筑砂浆及强度等级计算的工程量进行汇总。

### 3. 计算劳动量

时间定额是指某种专业、工种技术等级的工人小组或个人在合理的技术组织条件下完成单位合格的建筑产品所必需的工作时间。它的单位有:工日/$m^3$、工日/$m^2$、工日/m、工日/t 等。因为时间定额是以劳动工日数为单位,便于综合计算,所以在劳动量统计中应用比较普遍。

产量定额是指在合理的技术组织条件下,某种专业、某种技术等级的工人小组或个人在单位时间内所应该完成的合格的建筑产品数量,它的单位有:m³/工日、m²/工日、m/工日、t/工日等。因为产量定额是以建筑产品的数量来表示的,具有形象化的特点,故在分配施工任务时应用比较普遍。

人工作业时,计算所需的工日数量;机械作业时,计算所需的台班数量。计算公式如下:

$$P_i = \frac{Q_i}{S_i} = Q_i \cdot H_i \tag{4-3}$$

式中:$P_i$——施工项目所需的劳动量(工日)或机械台班量(台班);

$\quad Q_i$——施工项目的工程量(实物量单位);

$\quad S_i$——施工项目的产量定额(单位工日或台班完成的实物量);

$\quad H_i$——施工项目的时间定额(单位实物量所需工日或台班数)。

套用定额应注意以下几个问题:

(1)套用国家或地方颁发的定额,必须注意结合本单位工人的技术等级、实际施工操作水平、施工机械情况和施工现场条件等因素,确定完成定额的实际水平,使计算出来的劳动量、机械台班量符合实际需要,为准确编制施工进度计划打下基础。

(2)有些采用新技术、新材料、新工艺或特殊施工方法的项目,施工定额尚未编入,这时可参考类似项目的定额、经验资料或按实际情况确定。

(3)合并施工项目有两种处理方法。

一是将合并项目中的各项分别计算劳动量(或台班量)后汇总,将总量列入进度表中:

$$P = \frac{Q_1}{S_1} + \frac{Q_2}{S_2} + \cdots + \frac{Q_n}{S_n} = \sum_{i=1}^{n} \frac{Q_i}{S_i} \tag{4-4}$$

二是合并项目中的各项为同一工种施工(或同一性质的项目)时,可采用各项目的平均定额。符合本合并项目的平均定额可按下式计算:

$$S = \frac{Q_1 + Q_2 + \cdots + Q_n}{\dfrac{Q_1}{S_1} + \dfrac{Q_2}{S_2} + \cdots + \dfrac{Q_n}{S_n}} \tag{4-5}$$

式中:$S$——同一性质不同类型分项工程的平均产量定额。

### 4. 确定各施工过程的施工天数

(1)根据可供使用的人员或机械数量和正常施工的班制安排,计算出施工过程的持续时间:

$$t = \frac{P}{R \cdot N} \tag{4-6}$$

式中:$t$——施工项目的持续时间(d);

$\quad P$——施工项目的劳动量(工日)或机械台班量(台班);

$\quad R$——施工项目每天提供或安排的班组人数(人)或机械台数(台);

$\quad N$——施工项目每天采用的工作班次。

在安排每班工人数和机械台数时,应综合考虑各分项工程工人班组的每个工人都应有足够的工作面(不能少于最小工作面),以发挥高效率并保证施工安全;各分项工程在进行正常施工时所必需的最低限度的工人队组人数及其合理组合(不能小于最小劳动组合),以达到最高劳动生产率。

（2）根据工期要求或流水节拍要求,确定出某个施工项目的施工持续时间,再按照采用的班次配备施工人员数或机械台数:

$$R = \frac{P}{t \cdot N} \tag{4-7}$$

通常计算时均先按一班次考虑,如果每天所需机械台数或工人人数已超过施工单位现有人力、物力或工作面限制时,则应根据具体情况和条件从技术和施工组织上采取积极的措施,如增加工作班次、最大限度地组织立体交叉平行流水施工、加早强剂提高混凝土早期强度等。

**5. 编制施工进度计划的初始方案**

编制施工进度计划时,必须考虑各分部分项工程合理的施工顺序,尽可能组织流水施工,力求主要工种的施工班组连续施工,具体方法如下。

（1）确定主要分部工程并组织其流水施工

首先应确定主要分部工程,组织其中主导分项工程的施工,使主导分项工程连续施工,然后将穿插其他分项工程和次要项尽可能与主导施工过程相配合穿插、搭接或平行作业。

（2）安排其他各分部工程,并组织其流水施工

其他各分部工程施工应与主要分部工程相配合,并用与主要分部工程相类似的方法,组织其内部的分项工程,使其尽可能流水施工。

（3）按各分部工程的施工顺序编制初始方案

各分部工程之间按照施工工艺顺序或施工组织的要求,将相邻分部工程的相邻分项工程按流水施工要求或配合关系搭接起来,组成单位工程进度计划的初始方案。

**6. 检查与调整施工进度计划的初始方案,绘制正式进度计划**

检查与调整的目的在于使施工进度计划的初始方案满足规定的目标,一般从以下几方面进行检查与调整。

（1）正确性及合理性

各施工过程的施工顺序是否正确,流水施工的组织方法应用得是否正确,技术间歇是否合理。

（2）工期要求

初始方案的总工期是否满足合同工期的要求。

（3）劳动力使用状况

劳动力使用状况主要包括工种工人是否连续施工,劳动力消耗是否均匀。劳动力消耗的均匀性是针对整个单位工程的各个工种而言,应力求每天出勤的工人人数不发生过大的变化。为了反映劳动力消耗的均匀性,通常采用劳动力消耗动态图来表示。

（4）物资方面

机械、设备、材料的利用是否均衡,施工机械是否充分利用。主要机械通常是指混凝土搅拌机、灰浆搅拌机、起重机和挖土机械,利用情况是通过机械的利用程度来反映的。

初始方案通过检查,对不符合要求的需要进行调整。调整方法一般有:增加或缩短某些生产过程的施工持续时间;在符合工艺关系的条件下,将某些生产过程的施工时间向前或向后移动;必要时,还可以改变施工方法。

最后绘制正式进度计划。施工进度计划的编制程序如图 4-9 所示。

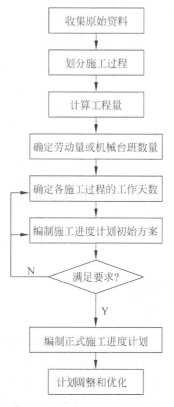

图 4-9  施工进度计划编制程序

# 4.4  单位工程资源需要量计划

各项资源需要量计划可用来确定建筑工地的临时设施，并按计划供应材料、构件，调配劳动力和机械，以保证施工顺利进行。在编制单位工程施工进度计划后，就可以着手编制各项资源需要量计划。

## 4.4.1  劳动力需要量计划

劳动力需要量计划的主要作用是作为安排劳动力、调配和衡量劳动力消耗指标、安排生活福利设施的依据,其编制方法是将施工进度计划表内所列各施工过程每周(或旬、月)劳动量、人数按工程汇总而得,其格式如表 4-4 所示。

表 4-4　劳动力需要量计划

| 序号 | 材料名称 | 规格 | 需要量/工日 | 需要时间 | | | 备注 |
| --- | --- | --- | --- | --- | --- | --- | --- |
| | | | | 某月 | | | |
| | | | | 上旬 | 中旬 | 下旬 | |
| | | | | | | | |
| | | | | | | | |
| | | | | | | | |

## 4.4.2　主要材料需要量计划

主要材料需要量计划是备料、供料和确定仓库、堆料场面积及组织运输的依据。其编制方法是将施工进度计划表中各生产过程所消耗的材料按名称、规格、数量、使用时间计算汇总而得。对于某分部分项工程是由多种材料组成时,应按各种材料分类计算,如混凝土工程应换算成水泥、砂、石、外加剂和水的数量列入表格,其格式如表 4-5 所示。

表 4-5　主要材料需要量计划

| 序号 | 材料名称 | 规格 | 需要量 | | 供应时间 | 备注 |
| --- | --- | --- | --- | --- | --- | --- |
| | | | 单位 | 数量 | | |
| | | | | | | |
| | | | | | | |
| | | | | | | |
| | | | | | | |

## 4.4.3　构件和半成品需要量计划

建筑结构构件、配件和其他加工半成品等需要量计划主要用于落实加工订货单位,并按照所需规格、数量、时间组织加工、运输和确定仓库和堆场,可根据施工图和施工进度计划编制,其格式如表 4-6 所示。

表 4-6 构件和半成品需要量计划

| 序号 | 构件半成品名称 | 规格 | 图号、型号 | 需要量 | | 使用部位 | 加工单位 | 供应日期 | 备注 |
|------|------|------|------|------|------|------|------|------|------|
| | | | | 单位 | 数量 | | | | |
| | | | | | | | | | |
| | | | | | | | | | |
| | | | | | | | | | |

## 4.4.4 施工机械需要量计划

施工机械需要量计划主要用于确定施工机械的类型、数量、进场时间,可据此落实施工机械来源,组织进场。其编制方法是将单位工程施工进度计划表中的每一个施工过程每天所需要的机械类型、数量和施工日期进行汇总,即得施工机械需要量计划。其格式如表 4-7 所示。

表 4-7 施工机械需要量计划

| 序号 | 机械名称 | 类型、型号 | 需要量 | | 货源 | 使用起止时间 | 备注 |
|------|------|------|------|------|------|------|------|
| | | | 单位 | 数量 | | | |
| | | | | | | | |
| | | | | | | | |
| | | | | | | | |

# 4.5 单位工程施工平面图设计

单位工程施工平面图设计是对一个建筑物的施工现场的平面规划和空间布置图。它既是布置施工现场的依据,也是施工准备工作的一项重要依据,它是实现文明施工、节约和合理利用土地、减少临时设施费用的先决条件。因此施工平面图不但要在设计时周密考虑,而且还要认真贯彻执行,这样才会使施工现场井然有序,保证施工进度,提高效率和经济效益。

## 4.5.1　单位工程施工平面图的设计内容

单位工程施工平面图的绘制比例一般为1∶500～1∶2000。按照场地条件和需要的内容进行设计，通常其内容包括：

(1) 建筑总平面图上已建和拟建地上地下的一切建筑物、构筑物及其他设施(道路和各种管线等)的位置和尺寸。

(2) 测量放线标桩位置、地形等高线和土方取弃场地。

(3) 自行式起重机的开行路线、轨道式起重机的轨道布置和固定式垂直运输设施的位置。

(4) 各种搅拌站、加工厂以及材料、构件、机具的仓库或堆场。

(5) 生产和生活用临时设施的布置。

(6) 场内道路的布置和引入的铁路、公路和航道位置。

(7) 临时给排水管线、供电线路、蒸汽及压缩空气管道等布置。

(8) 一切安全及防火设施的位置。

## 4.5.2　单位工程施工平面图的设计依据

在进行施工平面图设计前，应认真研究施工方案，对施工现场作深入细致的调查研究，并对原始资料进行周密分析，使设计与施工现场的实际情况相符，从而使其确实起到指导施工现场空间布置的作用。设计所依据的资料主要有三方面。

**1. 当地原始资料**

(1) 自然条件调查资料，如气象、地形、水文及工程地质资料，主要用于布置地表水和地下水的排水沟，确定易燃、易爆及有碍人体健康的设施的布置，安排冬雨期施工期间放置设备的地点。

(2) 技术经济调查资料，如交通运输、水源、电源、物资资源、生产和生活基地情况。它对布置水、电管线和道路等具有重要作用。

**2. 建筑设计资料**

(1) 建筑总平面图，包括一切地上、地下拟建和已建的房屋和构筑物，它是确定临时房屋和其他设施位置，以及修建工地运输道路和解决排水等所需的资料。

(2) 一切已有和拟建的地下、地上管道位置。在设计施工平面图时，可考虑利用这些管道或需考虑提前拆除或迁移，并需注意不得在拟建的管道位置上建临时建筑物。

(3) 建筑区域的竖向设计和土方平衡图。它们在布置水、电管线和安排土方的挖填、取土或弃土地点时非常有用。

**3. 施工资料**

（1）单位工程施工进度计划。从中可了解各个施工阶段的情况，以便分阶段布置施工现场。

（2）施工方案。据此可确定垂直运输机械和其他施工机具的位置、数量和规划场地。

（3）各种材料、构件、半成品等需要量计划，以便确定仓库和堆场的面积、形式和位置。

### 4.5.3 单位工程施工平面图的设计原则

单位工程施工平面图的设计原则主要包括以下五个方面：

（1）在保证施工顺利进行的前提下，现场布置应紧凑，节约用地，不占或少占农田。

（2）合理布置现场的运输道路及加工厂、搅拌站和各种材料、机具的堆场或仓库位置，尽量做到运距短、少搬运，从而减少或避免二次搬运。

（3）临时设施要在满足需要的前提下，减少数量，降低费用。

（4）临时设施的布置，尽量利于工人的生产和生活，使工人至施工区的距离最近，往返时间最少。

（5）符合环保、安全和消防要求。

### 4.5.4 单位工程施工平面图的设计步骤

单位工程施工平面图的设计步骤如图 4-10 所示。

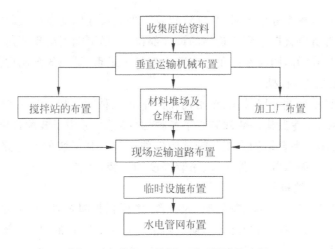

图 4-10 单位工程施工平面图设计步骤

### 1．确定垂直运输机械的布置

垂直运输机械的位置直接影响仓库、搅拌站、各种材料和构件等位置及道路和水、电线路的布置等，因此它是施工现场布置的核心，必须首先确定。

由于各种起重机械的性能不同，其布置方式也不相同。

1）塔式起重机的布置

塔式起重机可分为固定式、轨道式、附着式和内爬式四种。其中轨道式塔式起重机可沿轨道两侧全幅作业范围进行吊装，是一种集起重、垂直提升、水平输送三种功能为一体的机械设备。一般沿建筑物长向布置，其位置尺寸取决于建筑物的平面形状、尺寸、构件重量、起重机的性能及四周的施工现场地条件等。通常轨道布置方式有四种布置方案，如图 4-11 所示。

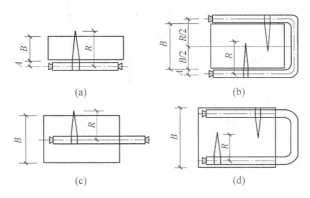

图 4-11　轨道式塔式起重机布置方案
（a）单侧布置；（b）双侧布置；（c）跨内单行布置；（d）跨内环行布置

固定式和附着式塔式起重机不需铺设轨道，宜将其布置在需吊装材料和构件堆场一侧，从而将其布置在起重机的服务半径之内。内爬式起重机布置在建筑物的中间，通常设置在电梯井内。

在确定塔式起重机服务范围时，最好将建筑物平面尺寸包括在塔式起重机服务范围内，以保证各种构件与材料直接运到建筑物的设计部位上，尽可能不出现死角，如果实在无法避免，则要求死角越小越好，同时在死角上应不出现吊装最重、最高的预制构件。

2）自行无轨式起重机械

自行无轨式起重机械分履带式、轮胎式和汽车式三种起重机。它一般不作垂直提升运输和水平运输之用，而专做构件装卸和起吊各种构件之用，适用于装配式单层工业厂房主体结构的吊装，亦可用于混合结构大梁等较重构件的吊装。其吊装的开行路线及停机位置主要取决于建筑物的平面布置、构件重量、吊装高度和吊装方法等。

3）固定式垂直运输机械

固定式垂直运输工具（井架、龙门架）的布置，主要根据机械性能、工程的平面形状和尺寸、施工段划分情况、材料来向和已有运输道路情况而定。布置的原则是充分发挥起重机械的能力，并使地面和楼面的水平运距最小。布置时应考虑以下几方面。

（1）当工程各部位的高度相同时，应布置在施工段的分界线附近。

（2）当工程各部位的高度不同时，就布置在高低分界线较高部位一侧。

（3）井架、龙门架的位置以布置在窗口处为宜，以避免砌墙留槎和减少井架拆除后的修补工作。

（4）井架、龙门架的数量要根据施工进度、垂直提升的构件和材料数量、台班工作效率等因素计算确定，其服务范围一般为 50～60m。

（5）卷扬机的位置不应距离起重机械太近，以保证司机的视线能够看到整个升降过程。一般要求此距离大于建筑物的高度，水平距外脚手架 3m 以上。

（6）井架应立在外脚手架之外，并有一定距离为宜，一般取 5～6m。

4）外用施工电梯

外用施工电梯是一种安装于建筑物外部，施工期间用于运送施工人员及建筑物器材的垂直运输机械。它是高层建筑施工不可缺少的关键设备之一。

在确定外用施工电梯的位置时，应考虑便利施工人员上下和物料集散。由电梯口至各施工处的平均距离应最近；便于安装附墙装置；接近电源，有良好的夜间照明。

5）混凝土泵和泵车

高层建筑施工中，混凝土的垂直运输量巨大，通常采用泵送方法进行。混凝土泵是在压力推动下沿管道输送混凝土的一种设备，它能一次连续完成水平运输和垂直运输，配以布料杆或布料机还可以有效地进行布料和浇筑。混凝土泵布置时宜考虑设置在场地平整、道路畅通、供料方便且距离浇筑地点近，便于配管，排水、供水、供电方便的地方，并且在混凝土泵作用范围内不得有高压线。

**2. 确定搅拌站、仓库、材料和构件堆场的位置**

搅拌站、仓库和材料、构件堆场的布置应尽量靠近使用地点或在起重机服务范围以内，并考虑到运输和装卸料的方便。

根据起重机械的类型、材料、构件堆场的布置，有以下几种：

（1）当采用固定式垂直运输机械时，首层、基础和地下室所有的砖、石等材料宜沿建筑物四周布置，并距坑、槽边不小于 0.5m，以免造成槽（坑）土壁的塌方事故，二层以上的材料、构件就布置在垂直运输机械的附近。当多种材料同时布置时，对大宗的、重量大的和先期使用的材料，应尽可能靠近使用地点或起重机附近布置；而少量的、轻的和后期使用的材料，则可布置稍远一点。混凝土或砂浆搅拌站、仓库应尽量靠近垂直运输机械。

（2）当采用塔式起重机械时，材料和构件堆场以及搅拌站出料口，应布置在塔式起重机有效服务范围内。

（3）当采用自行无轨式起重机械时，材料、构件堆场、仓库及搅拌站的位置，应沿着起重机开行路线布置，且其位置应在起重臂的最大起重半径范围内。

（4）任何情况下，搅拌机应有后台上料的场地，搅拌站所用的所有材料（如水泥、砂、石、水泥罐等）都应布置在搅拌机后台附近。当混凝土基础的体积较大时，混凝土搅拌站可以直接布置在基坑边缘附近，待混凝土浇筑完后再转移，以减少混凝土的运输距离。

（5）混凝土搅拌机每台需有 25m² 左右面积，冬季施工时，面积 50m² 左右，砂浆搅拌机每台 15m² 左右面积，冬季施工时 30m² 左右。

### 3. 现场运输道路的布置

现场主要道路应尽可能利用永久性道路,或先选好永久性道路的路基,在土建工程结束之前再铺路面。现场道路布置时应保证行驶畅通,使运输道路有回转的可能性。因此,运输路线最好围绕建筑物布置成一条环形道路,道路宽度一般不小于 3.5m,主要道路宽度小于6m,道路两侧一般应结合地形设排水沟,沟深不小于 0.4m,底宽不小于 0.3m,施工现场最小道路宽度见表 4-8。

表 4-8　施工现场最小道路宽度

| 序号 | 车辆类别及要求 | 道路宽度/m | 序号 | 车辆类别及要求 | 道路宽度/m |
|---|---|---|---|---|---|
| 1 | 汽车单行道 | ≥3.0 | 3 | 平板拖车单行道 | ≥4.0 |
| 2 | 汽车双行道 | ≥6.0 | 4 | 平板拖车双行道 | ≥8.0 |

### 4. 临时设施的布置

临时设施分为生产性临时设施,如木工棚、钢筋加工棚、水泵房等和非生产性临时设施,如办公室、工人休息室、开水房、食堂、厕所等。布置时应考虑使用方便,有利施工、合并搭建、符合安全的原则。通常采用以下布置方法:

(1) 生产设施(木工棚、钢筋加工棚)的位置,宜布置在建筑物四周稍远处,且应有一定的材料、成品的堆放场地。

(2) 水泥库的位置应靠近搅拌站,并设在下风向。

(3) 沥青堆放场的位置应离开易燃仓库或堆场,并宜布置在下风向。

(4) 办公室应靠近施工现场,设在工地入口处,工人休息室应设在工人作业区,宿舍应布置在安全的上风侧,收发室宜布置在入口处等。

临时宿舍、文化福利、行政管理房屋面积定额参考表,见表 4-9。

表 4-9　临时宿舍、文化福利、行政管理房屋面积定额参考表

| 序号 | 行政生活福利建筑物名称 | 单位 | 参 考 指 标 |
|---|---|---|---|
| 1 | 办公室 | m²/人 | 3.5 |
| 2 | 单层宿舍(双层床) | m²/人 | 2.6~2.8 |
| 3 | 食堂兼礼堂 | m²/人 | 0.9 |
| 4 | 医务室 | m²/人 | 0.06(≥30m²) |
| 5 | 浴室 | m²/人 | 0.10 |
| 6 | 俱乐部 | m²/人 | 0.10 |
| 7 | 门卫室 | m²/人 | 6~8 |

### 5. 水电管网的布置

1) 施工水网的布置

(1) 施工用的临时给水管,一般由建设单位的干管或自行布置的干管接到用水地点。布置时应力求管网总长度短,管径的大小和水龙头数目需视工程规模大小通过计算确定。管道可埋置于地下,也可以铺设在地面上,视当时的气温条件和使用期限的长短而定。其布置形式有环形、枝形、混合式三种。

(2) 供水管网应该按防火要求布置室外消火栓。消火栓应沿道路设置,距道路应不大于 2m,距建筑物外墙不应小于 5m,也不应大于 25m,消火栓的间距不应超过 120m,工地消火栓应设有明显的标志,且周围 3m 以内不准堆放建筑材料。

(3) 为了排除地面水和地下水,应及时修通永久性下水道,并结合现场地形在建筑物周围设置排泄地面水和地下水沟渠。

2) 施工供电布置

(1) 为了维修方便,施工现场一般采用架空配电线路,且要求现场架空线与施工建筑物水平距离不小于 10m,线与地面距离不小于 6m,跨越建筑物或临时设施时,垂直距离不小于 2.5m。

(2) 现场线路应尽量架设在道路的一侧,且尽量保持线路水平,以免电杆受力不均,在低压线中,电杆间距应为 25～40m,分支线及引入线均应由电杆处接出,不得由两杆之间接线。

(3) 单位工程施工用电应在全场性施工总平面图中一并考虑。一般情况下,计算出施工期间的用电总数,提供给建设单位解决,不另设变压器。只有独立的单位工程施工时,才根据计算出的现场用电量选用变压器,其位置应远离交通要道口处,布置在现场边缘高压线接入处,四周用铁丝网围住。

在整个施工过程中,工地上的实际布置情况是随时变动的。为此,对于大型建筑工程,施工期限较长或建筑工地较为狭窄的工程,就需要按施工阶段来布置几张施工平面图,以便把不同施工阶段内工地上的合理布置情况反映出来。

# 思　考　题

1. 单位工程施工组织设计编制的依据有哪些?
2. 单位工程施工组织设计包括哪些内容?
3. 单位工程施工组织设计的主要技术组织措施有哪些?
4. 什么是施工顺序? 确定施工顺序时应考虑的因素包括哪些?
5. 施工方案的技术经济评价包括哪些内容?
6. 单位工程施工平面图的设计内容有哪些?
7. 试述单位工程施工平面图的设计步骤。

# 第5章

# 施工组织总设计

本章将介绍施工组织总设计的作用、编制依据、编制程序和编制内容,并从编制的主要内容入手,详细论述施工组织总设计的施工部署及施工方案、施工总进度计划、资源需要量计划、全场性暂设工程、施工总平面图设计,使读者对施工组织总设计编制的主要内容有个全面深入的认识。

# 5.1 概 述

施工组织总设计是以整个建设项目或若干个单体建筑物工程为编制对象,根据初步设计或扩大初步设计图纸以及其他有关资料和现场施工条件而编制,对整个建设项目进行全盘规划,是指导全场性的施工准备工作和组织全局性施工的综合性技术经济文件,一般由总承包单位或大型项目经理部的总工程师主持编制。

## 5.1.1 施工组织总设计的作用

施工组织总设计的主要作用有以下几方面:
(1) 为建设项目或群体工程的施工做出全局性的战略部署。

（2）为施工做好准备工作，为保证资源供应提供依据。

（3）为组织全场性施工提供科学方案和实施步骤。

（4）为施工单位编制工程项目生产计划和单位工程的施工组织设计提供依据。

（5）为业主编制工程建设计划提供依据。

（6）为确定设计方案的施工可行性和经济合理性提供依据。

## 5.1.2 施工组织总设计的编制依据

### 1. 设计文件

设计文件主要包括：建设项目的初步设计、扩大初步设计或技术设计的有关图样、设计说明书、建筑区域平面图、建筑总平面图、建筑竖向设计、总概算或修正概算等。

### 2. 计划文件

计划文件主要包括：建设项目可行性研究报告、国家批准的固定资产投资计划、工程项目一览表、分期分批施工项目和投资计划；地区主管部门的批件、要求交付使用的期限、施工单位上级主管部门下达的施工任务等。

### 3. 合同文件

合同文件主要包括：工程招投标文件及签订的工程承包合同；工程材料和设备的订货指标或供货合同等。

### 4. 施工条件

施工条件主要包括：可能为建设项目服务的建筑安装企业、预制加工企业的人力、设备、技术和管理水平；工程材料的来源和供应情况；交通运输情况；水、电供应情况；有关建设地区的自然条件，如有关气候、地质、水文、地理环境等。

### 5. 现行规范、规程和有关技术规定

这主要指国家现行的施工及验收规范、操作规程、概算、预算及施工定额、技术规定和有关经济技术指标等，也包括对推广应用新结构、新材料、新技术、新工艺的要求及有关的技术经济指标。

### 6. 参考资料

类似的建设项目的施工组织总设计和有关总结资料。

### 5.1.3 施工组织总设计的编制程序

施工组织总设计的编制程序如图 5-1 所示。

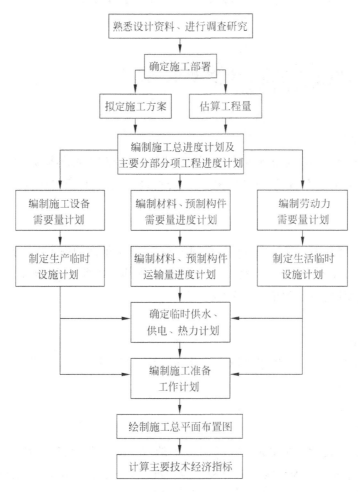

图 5-1 施工组织总设计的编制程序

### 5.1.4 施工组织总设计的内容

施工组织总设计的编制内容，一般主要包括：建设工程概况、施工部署及主要工程项目的施工方案、施工总进度计划、施工资源总需要量计划、施工总平面图和各项主要技术经济指标等。由于建设项目的规模、性质、建筑和结构的复杂程度及特点不同，再加上建筑施工场地的条件差异和施工复杂程度不同，其编制内容也不完全一样。

# 5.2　建设工程概况

工程概况是对整个建设项目的总说明、总分析。工程概况包括项目主要情况和主要施工条件。

## 5.2.1　建设项目主要情况

项目主要情况包括以下内容：

（1）项目名称、性质（工业或民用、项目的使用功能）、地理位置和建设规模（包括项目占地总面积、投资规模或产量、分期分批建设范围等）。

（2）项目的建设、勘察、设计和监理等相关单位的情况。

（3）项目设计概况，包括建筑面积、建筑高度、建筑层数、结构形式、建筑结构及装饰用料、建筑抗震设防烈度、安装工程和机电设备的配置等。

（4）项目承包范围及主要分包工程范围。

（5）施工合同或招标文件对项目施工的重点要求。

## 5.2.2　项目主要施工条件

（1）建设地点气象状况：气温、雨、雪、风和雷电等气象情况，冬、雨期的期限，土的冻结深度等。

（2）地形地貌和水文地质：施工场地地形变化和绝对标高、地质构造、土的性质和类别、地基土承载力、地下水位及水质等。

（3）施工障碍物：施工区域地上、地下管线及相邻地上、地下建（构）筑物情况。

（4）施工道路、河流状况：可利用的永久性道路、通行（通航）标准、河流流量、最高洪水和枯水期水位等。

（5）当地建筑材料、设备供应和交通运输等服务能力状况。

（6）按施工需求描述当地供电、供水、供热和通信等相关资源的提供能力及解决方案。

# 5.3　施工部署及施工方案

施工部署是施工组织设计的中心环节,是对整个建设项目进行的统筹规划和全面安排,它主要解决工程施工中全局性的重大战略问题。

## 5.3.1　建立组织机构,明确任务分工

根据工程的规模和特点,建立有效的组织机构和管理模式,明确各施工单位的工程任务,提出质量、工期、成本等控制目标及要求;确定分期分批施工交付投产使用的主攻项目和穿插施工的项目;正确处理土建工程、设备安装及其他专业工程之间相互配合协调的关系。

## 5.3.2　确定工程开展程序

根据建设项目总目标要求,确定工程分期分批施工的合理开展程序,应主要考虑以下几个方面。

**1. 保证工期前提下,尽量实行分期分批施工**

在保证工期的前提下,实行分期分批建设,既可以使每一具体项目迅速建成,尽早投入使用,又可在全局上取得施工的连续性和均衡性,以减少暂设工程数量,降低工程成本,充分发挥项目建设投资的效果。

**2. 统筹安排各类项目施工**

安排施工项目先后顺序,应按照各工程项目的重要程度,优先安排如下工程:

(1) 按生产工艺要求,必须先期投入生产或起主导性作用的工程项目。

(2) 工程量大、施工难度大、施工工期长的工程项目。

(3) 为施工顺利进行必需的工程项目,如运输系统、动力系统等。

(4) 供施工使用的工程项目,如钢筋、木材、预制构件等各种加工厂、混凝土搅拌站等附属企业及其他为施工服务的临时设施。

(5) 生产上需先期使用的机修、车床、办公楼及部分家属宿舍等。

**3. 注意施工顺序的安排**

建筑施工活动之间交错搭接地进行时，要注意必须遵守一定的顺序。一般工程项目均应按先地下、后地上，先深后浅，先干线后支线的原则进行安排。如地下管线和筑路的程序，应先铺管线，后筑路。

**4. 注意季节对施工的影响**

不同季节对施工有很大影响，它不仅影响施工进度，而且还影响工程质量和投资效益，在确定工程开展程序时，应特别注意。例如大规模的土方工程和深基础工程施工一般要避开雨季，寒冷地区的工程施工，最好在入冬时转入室内作业和设备安装。

## 5.3.3 主要项目的施工方案

施工组织总设计中要对一些主要工程项目和特殊分项工程项目的施工方案予以拟定。这些项目通常是建设项目中工程量大、施工难度大、工期长，在整个建设项目中起关键作用的单位工程项目以及影响全局的特殊分项工程。其目的是进行技术和资源的准备工作，同时也是为了施工进程的顺利开展和现场的合理布置。

施工方案编制的主要内容包括：

(1) 施工方法，要求兼顾技术先进性和经济合理性。

(2) 施工工艺流程，要符合施工技术规律，兼顾各工种、各施工段的合理搭接。

(3) 施工机械设备，能使主导机械满足工程需要，又能发挥其效能，使各大型机械在各工程上进行综合流水作业，减少装、拆、运的次数，对辅助配套机械的性能，应与主导机械相适应。

对于某些施工技术要求高或比较复杂、技术上比较先进或施工单位尚未完全掌握的特殊分部分项工程，也应提出原则性的技术措施方案，如桩基施工、深基坑人工降水与支护、大体积混凝土的浇筑，高层建筑主体结构所采用的滑模、爬模、飞模、大模板的施工，重型构件、大跨度结构、整体结构的组运、吊装。这样才能事先进行技术和资源的准备，为工程施工的顺利开展和施工现场的合理布局提供依据。

## 5.3.4 施工准备工作总计划

根据施工开展程序和主要工程项目的施工方案，编制好施工项目全场性的施工准备工作计划，主要内容包括：

(1) 安排好场内外运输、施工用主干道，水、电、气来源及其引入方案。

(2) 安排好场地平整方案和全场性排水、防洪、环保、安全等技术措施。

(3) 安排好生产和生活基地建设，包括商品混凝土搅拌站、预制构件厂、钢筋和木材加工厂、金属结构制作加工厂、机修厂等。

（4）安排现场区域内的测量工作，设置永久性的测量标志，为放线定位做好准备。

（5）安排建筑材料、成品、半成品的货源、运输、储存方式。

（6）编制新技术、新材料、新工艺、新结构的试制试验计划和职工技术培训计划。

（7）冬、雨季施工所需的特殊准备工作。

# 5.4 施工总进度计划

施工总进度计划是施工现场各项施工活动在时间上的体现，是施工组织总设计的核心内容之一。编制施工总进度计划就是根据施工部署中的施工方案和工程项目的开展程序，对各单位工程施工做出时间上的安排。其作用在于确定各个单位工程及其主要工种工程、准备工作和全场性工程的施工期限及其开工和竣工日期，从而确定工程施工现场上劳动力、材料、成品、半成品、施工机械的需要量和调配情况，确定工程现场临时设施、水电供应、能源交通等方面的需要量。

下面介绍施工总进度计划的编制方法和步骤。

**1. 计算工程项目的工程量**

施工总进度计划主要起控制总工期的作用，因此在列工程项目一览表时，项目划分不宜过细。通常按分期分批投产顺序和工程开展顺序列出工程项目，并突出每个系统中的主要工程项目。一些附属项目及临时设施可以合并列出。

根据批准的总承建工程项目一览表，按工程开展程序和单位工程计算主要实物工程量。此时计算工程量的目的是选择施工方案和主要的施工、运输机械；初步规划主要施工过程和流水施工；估算各项目的完成时间；计算劳动力及技术物资的需要量。因此，工程量只需粗略地计算即可。

计算工程量，可按初步（或扩大初步）设计图纸并根据各种定额手册进行计算。常用的定额、资料如下：

（1）万元、十万元投资工程量、劳动力及材料消耗扩大指标。

（2）概算指标和扩大结构定额。

（3）已建房屋、构筑物的资料。

除建设项目本身外，还必须计算主要的全场性工程的工程量，例如铁路及道路长度、地下管线长度、场地平整面积。这些数据可以从建筑总平面图上求得。

**2. 确定施工期限**

影响单位工程施工期限的因素很多，包括施工技术、施工方法、建筑类型、结构特征、施工管理水平、机械化程度、劳动力和材料供应情况、现场地形、地质条件、气候条件等。

由于施工条件的不同,各施工单位应根据具体条件对各影响因素进行综合考虑,确定工期的长短。此外,也可参考有关的工期定额来确定各单位工程的施工期限。

### 3. 确定竣工时间和搭接关系

确定各主要单位工程的施工期限后,就可具体确定各单位工程的开、竣工时间,并安排各单位工程搭接施工的时间,尽量使主要工种的工人能连续、均衡地施工。在具体安排时应着重考虑以下几点:

(1)同一时期开工的项目不宜过多,以避免分散有限的人力、物力。

(2)力求使主要工种、施工机械及土建中的主要分部分项工程连续施工。

(3)尽量使劳动力、技术物资在全工程上均衡消耗,避免出现短时高峰和长时间低谷的现象,以利于劳动力的调度和原材料的供应。

(4)满足生产工艺的要求。根据工艺所确定的分期分批建设方案,合理安排各个建筑物的施工顺序和衔接关系,做到土建施工、设备安装和试生产在时间上、量的比例上均衡、合理,实现生产一条龙。

(5)确定一些后备工程,调节主要项目的施工进度。如宿舍、办公楼、附属和辅助设施等作为调剂项目,穿插在主要项目的流水中,以便在保证重点工程项目的前提下实现均衡施工。

### 4. 安排施工进度

施工总进度计划可以用横道图表达,也可以用网络图表达。由于施工总进度计划主要在总体上起控制作用,故不宜搞得过细,否则不利于调整和实施过程中的动态控制。实践证明,用时标网络图表达施工总进度计划比横道图法更加直观、明了,并且可表达出各工程项目间的逻辑关系,同时还能用计算机对总进度计划进行调整和优化。

# 5.5 资源需要量计划

编制好施工总进度计划以后,就可据此编制出各种主要资源的需要量计划。

## 5.5.1 劳动力需要量计划

施工劳动力需要量计划是确定暂设工程设施和组织劳动力进场的主要依据。它是根据工程量汇总表、施工准备工作计划、施工总进度计划、概（预）算定额和有关经验资料，分别确定出每个单项工程专业工种的劳动量工日数、工人数和进场时间，然后逐项汇总，直至确定出整个建设项目劳动力需要量计划。表 5-1 为土建施工劳动力汇总表。

**表 5-1　建设项目土建施工劳动力汇总表**

| 序号 | 工程名称 | 工业建筑及全工地性工程 | | | | | 劳动力计划 | |
|---|---|---|---|---|---|---|---|---|
| | | 主厂房 | 辅助厂房 | 道路 | 水暖工程 | 电气工程 | 一季度 | 二季度 |
| 1 | 力工 | | | | | | | |
| 2 | 钢筋工 | | | | | | | |
| 3 | 混凝土工 | | | | | | | |
| 4 | 瓦工 | | | | | | | |
| 5 | 架子工 | | | | | | | |
| 合计 | | | | | | | | |

## 5.5.2　主要材料和预制构件需要量计划

主要材料和预制构件需要量计划是组织材料和预制构件加工、订货、运输、确定堆场和仓库的依据。它是根据施工图样、施工部署和施工总进度计划而编制的。

根据拟建的不同结构类型的工程项目和工程量汇总表，依据总进度计划，从而编制出主要材料和预制构件需要量计划。表 5-2 为建设项目土建工程所需主要建筑材料和预制构件汇总表。

**表 5-2　建设项目土建工程所需主要建筑材料和预制构件汇总表**

| 序号 | 类别 | 构件及主要材料名称 | 工业建筑及全工地性工程 | | | | | 需要量计划 | |
|---|---|---|---|---|---|---|---|---|---|
| | | | 主厂房 | 辅助厂房 | 道路 | 水暖工程 | 电气工程 | 一季度 | 二季度 |
| 1 | 预制构件 | 钢筋混凝土构件 | | | | | | | |
| 2 | | 钢结构构件 | | | | | | | |
| 3 | | 玻璃幕墙 | | | | | | | |
| 4 | 主要建筑材料 | 钢筋 | | | | | | | |
| 5 | | 模板 | | | | | | | |
| 6 | | 水泥 | | | | | | | |
| 7 | | 砌块 | | | | | | | |

### 5.5.3 施工机具需要量计划

该计划是组织机具供应、计算配电线路及选择变压器、进行场地布置的依据。主要施工机具可根据施工总进度计划及主要项目的施工方案和工程量套定额或按经验确定。施工机具需要量汇总表如表 5-3 所示。

表 5-3 施工机具需要量汇总表

| 序号 | 机具名称 | 型号 | 电机功率 | 数量 | 需求计划 | | | |
|------|----------|------|----------|------|----------|--------|--------|--------|
| | | | | | 一季度 | 二季度 | 三季度 | 四季度 |
| | | | | | | | | |
| | | | | | | | | |

# 5.6 全场性暂设工程

在工程项目正式开工之前,要按照施工准备工作计划的要求,建造相应的暂设工程,以满足施工需要,为工程项目创造良好的施工环境。

暂设工程的类型及规模因工程而异,主要有:工地加工厂组织、工地仓库组织、工地运输组织、办公及福利设施组织、工地供水和供电组织。

### 5.6.1 临时加工厂及作业棚

对于钢筋混凝土构件预制厂、锯木车间、模板、细木加工车间、钢筋加工棚等,其建筑面积可按下式计算:

$$F = \frac{K \cdot Q}{T \cdot S \cdot \alpha} \tag{5-1}$$

式中:$F$——所需建筑面积($m^2$);

$K$——不均衡系数,取 $1.3 \sim 1.5$;

$Q$——加工总量;

$T$——加工总时间(月);

$S$——每平方米场地月平均加工量定额;

$\alpha$——场地或建筑面积利用系数,取 $0.6\sim0.7$。

## 5.6.2 临时仓库与堆场

**1. 确定材料储备量**

建筑材料储备的数量,一方面应保证工程施工不中断,另一方面还要避免储备量过大造成积压,通常根据现场条件、供应条件和运输条件来确定。建筑材料的储备量可按下式计算:

$$q_1 = K_1 \cdot Q_1 \tag{5-2}$$

式中:$q_1$——总储备量;

$K_1$——储备系数,型钢、木材、用量小或不常使用的材料取 $0.3\sim0.4$,用量多的材料取 $0.2\sim0.3$;

$Q_1$——该项材料的最高年、季需要量。

**2. 确定仓库或堆场面积**

确定某一种建筑材料的仓库面积与该种建筑材料储备的天数、材料的需要量及仓库每平方米能储存的定额等因素有关,而储备天数又与材料的供应情况、运输能力等条件有关。仓库面积可按式(5-3)来计算:

$$F = \phi \cdot m \tag{5-3}$$

式中:$F$——仓库或堆场面积($m^2$),包括通道面积;

$\phi$——系数,见表 5-4;

$m$——计算基础数,见表 5-4。

表 5-4 仓库面积计算表

| 序号 | 名 称 | 计算基础数 $m$ | 单位 | 系数 $\phi$ |
|---|---|---|---|---|
| 1 | 仓库(综合) | 按全员(工地) | $m^2$/人 | $0.7\sim0.8$ |
| 2 | 水泥库 | 按当年用量的 $40\%\sim50\%$ | $m^2$/t | 0.7 |
| 3 | 其他仓库 | 按当年工作量 | $m^2$/t | $2\sim3$ |
| 4 | 五金杂品库 | 按年建筑安装工作量 | $m^2$/万元 | $0.2\sim0.3$ |
| 5 | 土建工具库 | 按高峰年(季)平均人数 | $m^2$/人 | $0.1\sim0.2$ |
| 6 | 水暖器材库 | 按年在建建筑面积 | $m^2$/100$m^2$ | $0.2\sim0.4$ |
| 7 | 电器器材库 | 按年在建建筑面积 | $m^2$/100$m^2$ | $0.3\sim0.5$ |
| 8 | 化工油漆危险库 | 按年建筑安装工作量 | $m^2$/万元 | $0.1\sim0.15$ |
| 9 | 脚手板、模板 | 按年建筑安装工作量 | $m^2$/万元 | $0.5\sim1$ |

### 3. 办公及福利设施组织

在工程建设期间,必须为施工人员修建一定数量供行政管理与生活福利用的临时建筑,工地人数包括:

(1)直接参加施工生产的工人,也包括机械维修工人、运输及仓库管理人员、动力设施管理工人、冬季施工的附加工人等。

(2)行政及技术管理人员。

(3)为工地上居民生活服务的人员。

(4)以上各项人员的家属。

上述人员比例可按国家有关规定或工程实际情况计算。

临时建筑物修建时,应遵循经济、适用、装拆方便的原则,按照当地的气候条件、工期长短、本单位的现有条件以及现场暂设的有关规定确定结构形式。

# 5.7　施工总平面图设计

施工总平面图是拟建项目施工现场的总布置图,用以正确处理全工地在施工期间所需的各项设施和永久性建筑之间的空间关系。根据施工方案和施工进度的要求,施工总平面图对道路交通、材料仓库、附属企业、临时建筑、临时水电管线等做出合理规划,用以指导全现场的文明施工。

## 5.7.1　施工总平面图设计的原则

(1)在保证施工顺利进行的前提下,应紧凑布置。

(2)合理布置各种仓库、机械加工厂位置,减少场内运输距离,尽可能避免二次搬运,减少运输费用,并保证运输方便通畅。

(3)施工区域的划分和场地的确定,应符合施工流程的要求,尽量减少专业工种之间的干扰。

(4)充分利用已有的建筑物、构筑物和各种管线,凡拟建永久性工程能提前完工,并为施工服务的,应尽量提前完工,并在施工中代替临时设施,临时建筑可采用拆移式结构。

(5)各种临时设施的布置应有利于生产和方便生活。

(6)应满足劳动保护、安全、防火要求。

（7）应注意环境保护。

## 5.7.2 施工总平面图的设计内容

施工总平面图主要包括以下内容：

（1）原有地形图和等高线，一切已有的地上、地下建筑物和构筑物，铁路、道路和各种管线，钻井和探坑等的位置和尺寸。

（2）一切拟建的永久性建筑物、构筑物、铁路、道路、地上地下管线和建筑网等的位置和尺寸。

（3）为施工服务的一切临时设施布置位置，包括铁路、公路、场内道路、各类加工厂，机械化装置、车库、建筑材料、预制构件、工具等的仓库和堆场，行政管理和文化福利用房，临时给水排水管线、防洪设施、供电线路、通信设施、动力设施、安全防火设施以及取土弃土地点等。

（4）永久性测量放线标桩位置。

## 5.7.3 施工总平面图的设计步骤

施工总平面图的设计步骤，主要分为：运输道路的布置，仓库的布置，加工厂和搅拌站的布置，场内临时道路的布置，临时生活设施的布置，临时水电管网和其他动力线路的布置等。需要注意的是，以上项目都应进行相应指标的计算，特别是水电用量必须满足全场生产生活要求。

### 1. 运输道路的布置

一般大型工业企业厂区内部都有永久性道路，可以提前修建为工程服务，但应恰当确定起点和进场位置，有利于施工场地的利用。

（1）大宗施工物资由铁路运来工地时，必须解决如何引入铁路专用线的问题，并考虑其转弯半径和坡度限制，铁路的布置最好沿着工地周围或各个独立施工区的周围铺设，以免与工地内部运输线交叉，妨碍工地内部运输。

（2）大量物资采用公路运输时，公路应与加工厂、仓库的位置结合布置，使其尽可能布置在最经济合理的地方，并与场外道路连接，符合标准要求。

（3）采用水路运输时，应充分利用原有码头的吞吐能力。需增设码头时，卸货码头不应少于两个，江河距工地较近时，可考虑在码头附近布置主要加工厂和转运仓库。

### 2. 仓库的布置

仓库通常应设置在运输方便、位置适中、运距较短、安全防火的地方，一般应接近使用的地点，其纵向与线路平行，装卸时间长的仓库不宜靠近路边。仓库的一般性布置应注意以下几点：

（1）采用铁路运输时,宜沿铁路布置中心仓库和周转仓库。

（2）采用水路运输时,一般应在码头附近设置转运仓库,以缩短船只在码头上的停留时间。

（3）采用公路运输时,仓库布置比较灵活,一般中心仓库布置在工地内使用方便的地方,也可布置在外部交通的连接处。

（4）水泥仓库和砂、石堆场应布置在搅拌站的附近；钢筋、木材应布置在加工厂的附近；砖、块石和预制构件应布置在垂直运输设备或用料地点附近。

（5）工具仓库应布置在加工区与施工区之间的交通方便处,零星小件、配件、专用工具仓库可分设于各施工区内。

（6）车库、机械站应布置在施工现场入口处。

（7）油料、氧气仓库应布置在边远、人少的安全地点,易燃材料仓库要设置在拟建工程的下风向。

### 3. 加工厂和搅拌站的布置

预制加工厂和混凝土搅拌站的布置,应以方便使用、安全防火、运费最小、相对集中为原则。在布置时应该注意以下几点：

（1）搅拌站布置,根据工程的具体情况可采用集中、分散、集中与分散相结合三种方式。当现浇混凝土量大时,宜在工地设置混凝土搅拌站；当运输条件好时,以采用集中搅拌最有利；当运输条件较差时,则宜采用分散搅拌。

（2）钢筋加工厂宜设在混凝土构件预制加工厂及主要施工对象的附近,但不能与木材加工厂靠在一起。

（3）临时性的混凝土构件预制加工厂,尽量利用建设单位的空地、施工场地的扇形地带或场外邻近处。

（4）木材加工厂的原木、锯材堆场应靠近运输线路；锯木、板材粗细加工车间和成品堆场,要按工艺流程布置,一般应设在土建施工区域边缘的下风向位置。

（5）金属结构、锻工、电焊和机修厂（间）等,生产联系比较密切,宜集中布置在一起。

（6）产生有害气体和污染空气的临时加工场,应设在下风向位置。

### 4. 场内临时道路的布置

在规划场内临时道路时,应考虑以下几点：

（1）临时道路要把仓库、加工场、堆场和施工点贯穿起来,要尽可能利用原有道路或充分利用拟建的永久性道路,提前修建永久性道路或先修其路基和简单路面,为施工服务,以达到节约投资的目的。

（2）合理安排施工道路与场内地下管网间的施工顺序,保证场内运输道路时刻畅通,尽量避免临时道路与铁轨、塔轨交叉。

（3）场内主要道路应采用双车道环行布置,宽度不小于 6m,次车道路宜采用单车道,宽度不小于 3.5m；道路应有两个以上进出口,道路末端要设置回车场。

（4）合理选择运输道路的路面结构,道路做法应查阅施工手册。

(5) 临时道路还要尽量利用自然地形做好排水,以免道路积水,妨碍交通和增加养护工作及费用。

### 5. 临时生活设施的布置

工地临时生活设施包括:办公室、汽车库、职工休息室、开水房、食堂和浴室等,其所需面积应根据工地施工人数进行计算。

(1) 应尽量利用现有或拟建的永久性房屋为施工服务,数量不足时再临时修建,临时房屋应尽量利用活动房屋。

(2) 全工地行政管理用房宜设在全工地入口处,以便对外联系;亦可设在工地中间,便于全工地管理;现场办公室应靠近施工地点。

(3) 职工生活福利设施,如小卖部、俱乐部等,宜设在工人较集中的地方或工人出入必经之处。

(4) 职工宿舍一般设在场外,距工地 500~1000m 为宜,并应避免设在低洼潮湿及有烟尘不利于健康的地方。

(5) 食堂可布置在生活区,也可视条件设在工地与生活区之间。

### 6. 临时水电管网布置

临时水电管网的布置,不仅要做到路线最短,而且要安全可靠,使用方便。一般有两种情况:当有可以利用的水源、电源时,可以将水电从外面接入现场,沿主要干道布置干管、主线,然后与各用户接通。当无法利用现有的水电时,为了解决电源,可设置临时发电站,由此把线路接出,沿干道布置主线;为了获得水源可以利用地面水或地下水,并设置抽水设备和加压设备(简易水塔或加压泵),以便储水和提高水压,然后把水管接出,布置管网。

临时水电管网布置需注意的是:

(1) 临时总变电站应设置在高压电引入处,不应设在工地中心,以免高压电线经过工地内部带来安全隐患。

(2) 临时水池、水塔应设在用水中心和地势较高处,并使水头达到设计用水高程。

(3) 施工现场临时自备发电设备应设在施工现场的中心,或靠近主要用电区域。

(4) 管网一般应沿道路布置,供电线路与其他管道分开,主要供水、供电管线采用环状,孤立点可采用枝状。

(5) 管道穿路要用钢管保护,如一般电线用直径 50~60mm 的钢管,电缆线用直径 100mm 的钢管,并埋入路面以下深度不得小于 600mm。

(6) 施工期限较长的工程项目,临时给排水管必须埋入冰冻线以下,地面以上部分要采取保温措施。

(7) 根据工程防火规定,应设置消防栓、消防站。消防站应设置在易燃建筑物(木材、仓库等)附近,并有通畅的出口和消防车道,其宽度不宜小于 6m,与拟建房屋的距离不得大于 25m,也不得小于 5m。沿道路布置消防栓时,其间距不得大于 120m,消防栓到路边距离不得大于 2m。

## 5.7.4 施工总平面图的科学管理

加强施工总平面图的管理,对合理使用场地,科学组织文明施工,保证现场交通道路、给排水系统的畅通,避免安全事故,以及美化环境、防灾、抗灾等均具有重要意义。为此,必须重视施工总平面图的科学管理。

(1) 建立统一的施工总平面图管理制度。划分总平面图的使用管理范围,做到责任到人,严格控制材料、构件、机具等物资占用的位置、时间和面积,不准乱堆乱放。

(2) 对水源、电源、交通等公共项目实行统一管理。不得随意挖路断道,不得擅自拆迁建筑物和水电线路,当工程需要断水、断电、断路时要申请,经批准后方可着手进行。

(3) 对施工总平面布置实行动态管理。在布置中,由于特殊情况或事先未预见到的情况需要变更原方案时,应根据现场实际情况,统一协调,修正其不合理的地方。

(4) 做好现场的清理和维护工作。经常性检修各种临时性设施,加强防火、保安和交通运输的管理,明确负责部门和人员。

# 思 考 题

1. 施工组织总设计编制的依据有哪些?
2. 施工组织总设计的主要内容有哪些?
3. 施工总进度计划包括哪些内容?
4. 在施工组织总设计中,资源需要量计划有哪些?
5. 全场性暂设工程主要包括哪些内容?
6. 试述施工总平面图的设计原则。
7. 施工总平面图的设计内容有哪些?
8. 试述施工总平面图的设计步骤。

# 第6章

## 轨道施工方案

## 6.1　轨道工程概况

　　某城市轨道交通某车辆段建设项目,车辆段内设停车库1座、检修主厂房1座、调机工程车库1座,设置焊轨作业区和焊轨车间并配置相应的线路。车辆段设计规模:停车列检线共22条,按1线2列位尽端式布置;月检/年检线共6条,架修线3条,临修线2条,精调线1条,均按1线1列位尽端式布置;调机/工程车线4条,精洗线、牵出线、新车装卸线、焊轨作业线、旋轮线、试车线、培训线各1条。

　　该车辆段及综合基地轨道17.949km(其中有砟道床5.266km,无砟道床7.955km)。车辆段内60kg/m钢轨9号单开道岔4组,50kg/m钢轨7号单开道岔48组,50kg/m钢轨7号道岔5m交叉渡线1组。碎石道床的轨道铺设、道岔铺设、上砟整道以及轨道线路的附属设施(线路信号标志、平交道口、车挡)安装等。

## 6.2　施　工　流　程

　　施工按照施工准备、铺轨及铺道岔施工、轨道附属工程施工、清理退场及竣工验收几个阶段组织。

施工准备阶段进行临时设施施工、施工组织设计编写、轨料进场及测量放线等准备工作。

铺轨铺道岔施工阶段包括库内线、出入线、试车线、库外线、道岔铺设施工。

轨道附属工程施工阶段进行车挡、线路及信号标志施工。

清理、退场及竣工验收阶段是在工程实体完成后进行清理、缺陷修补及竣工交验。

# 6.3 资 源 配 置

根据分项工程量和相关工效计算,拟配置主要劳动力及设备资源见表 6-1 及表 6-2(计划按 4 个作业队配制)。

**表 6-1 主要劳动力使用计划表**

| 序 号 | 工 种 | 人 数 | 备 注 |
|---|---|---|---|
| 1 | 管理人员 | 45 | |
| 2 | 混凝土工 | 30 | |
| 3 | 线路工 | 30 | |
| 4 | 起重工 | 2 | |
| 5 | 模工 | 25 | |
| 6 | 钢筋工 | 10 | |
| 7 | 电焊工 | 4 | |
| 8 | 电工 | 4 | |
| 9 | 机械维修工 | 4 | |
| 10 | 测量技工 | 5 | |
| 11 | 普通工 | 50 | |
| 总计 | | 209 | |

**表 6-2 配备主要机械设备表**

| 设 备 名 称 | 规格及型号 | 单位 | 数量 | 备 注 |
|---|---|---|---|---|
| 轨道车 | JY290 | 台 | 1 | |
| 平板车 | DPC-16 | 个 | 2 | |
| 闪光焊机 | K922 | 台 | 1 | |
| 正火装置 | FX-P60 | 套 | 1 | |
| 手动打磨机 | SJ-150 | 台 | 1 | |
| 仿型打磨机 | NMG-4.9 | 台 | 1 | |
| 超声波探伤仪 | TS-20 | 台 | 2 | |
| 弯轨器 | 60t | 台 | 1 | |

续表

| 设 备 名 称 | 规格及型号 | 单位 | 数量 | 备　　注 |
|---|---|---|---|---|
| 支垫滚道架 | | 个 | 60 | |
| 轨距拉杆 | | 根 | 150 | |
| 调轨支架 | | 套 | 500 | |
| 调轨丝杆 | | 根 | 1000 | |
| 内燃切轨机 | NQG-5Ⅱ | 台 | 2 | |
| 插入式振捣器 | ZX-30 | 台 | 4 | |
| 运输车 | | 台 | 1 | |
| 叉车 | 5t | 台 | 2 | |
| 一拖四捣 | | 台 | 2 | |
| 钢筋切断机 | GW-40 | 台 | 1 | |
| 钢筋调直机 | GJW-300 | 台 | 1 | |
| 钢筋弯曲机 | GW-40 | 台 | 1 | |
| 汽车吊 | 25t | 辆 | 1 | |
| 装载机 | | 辆 | 1 | |
| 捣固机 | XYD-Ⅲ | 台 | 8 | |
| 道岔液压起拨道机 | | 台 | 1 | |
| 齿条式起道机 | 15t | 台 | 8 | |
| 手摇式起道机 | 5t | 台 | 4 | |
| 钢轨钻眼机 | | 台 | 1 | |
| 台钻 | | 台 | 1 | |
| 电锯 | | 台 | 1 | |
| 电动冲击锤 | | 台 | 2 | |
| 电焊机 | AX-300 | 台 | 5 | |
| 千斤顶 | YCW150 | 台 | 4 | |
| 扭力扳手 | | 把 | 2 | |
| 发电机 | 5kW | 台 | 5 | |
| 电动扳手 | JG-400 | 台 | 4 | |

# 6.4　工 期 安 排

车辆段铺轨工期安排根据铺轨工程量及总体施工进度计划,综合考虑,协调安排,合理安排施工项目及进度。施工总体进度计划计算原则为:无砟线路 75m/d;碎石道床线路50m/d;单开道岔 7d/组;交叉渡线 25d/组。

具体工期安排见表 6-3。

**表 6-3　主要工程进度计划表**

| 序号 | 任 务 名 称 | 开 始 时 间 | 完 成 时 间 |
|------|------------|-------------|-------------|
| 1 | 库内线 | 2018.3.1 | 2018.7.25 |
| 2 | 出入线 | 2018.7.26 | 2018.8.12 |
| 3 | 试车线 | 2018.7.26 | 2018.8.17 |
| 4 | 库外线 | 2018.8.12 | 2018.11.30 |
| 5 | 60kg/m 钢轨 9 号单开道岔 | 2018.11.2 | 2018.11.30 |
| 6 | 50kg/m 钢轨 7 号单开道岔 | 2018.6.1 | 2018.11.4 |
| 7 | 50kg/m 钢轨 7 号道岔 5m 交叉渡线 | 2018.11.5 | 2018.11.30 |
| 8 | 附属工程 | 2018.10.1 | 2018.12.30 |

注：实际开工时间以监理工程师开工令为准。

# 6.5　主要施工方法

## 6.5.1　碎石道床施工方案

**1. 概述**

碎石道床施工采用机械碾压道砟、人工散铺轨道的方法。

依据施工设计图和铺轨中线桩，用装载机把道床底砟运输到路基顶面上，用机械配以人工对底砟进行摊铺，用小吨位的压路机对底砟进行碾压，使其达到密实。

在密实的底砟上依据铺轨基标弹设轨枕边线，人工散布轨枕，用特制吊架把预先摆放在线路两侧的钢轨吊放到轨枕的承轨槽内，用接头夹板连接钢轨，按设计规定要求安装各种扣件，再进行补面砟、起道、捣固、养护，使线路达到设计标准。

**2. 施工工艺流程**

施工工艺流程如图 6-1 所示。

**3. 各工序施工方法**

1）路基基底清理

在道床施工前要按设计要求对路基顶面进行清理，清除各种杂草、建筑垃圾和杂物，保证路基面的干净、整洁。

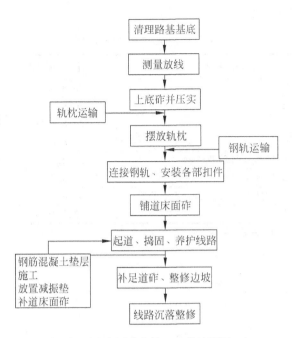

图 6-1　碎石道床施工工艺流程图

### 2) 中心桩设置

根据测设的控制基标进行加密基标的测设,加密基标设置在线路的中心线上,在直线上每 25m 设置一个,缓和曲线上每 10m 设置一个,圆曲线上每 20m 设置一个。测设完成的加密基标由监测复核后方可供铺轨使用。基标埋设时要用混凝土固定,基标顶面要低于路基顶面 30mm,并在基标附近的明显地方作标记。基标固定后,要进行复测,确保中心桩精度。基标埋设示意图如图 6-2 所示。

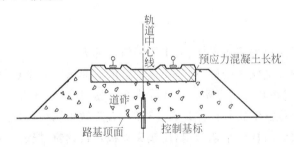

图 6-2　一般碎石道床控制基标埋设示意图

### 3) 轨枕锚固

在轨枕堆放区边设置轨枕锚固区。由汽车运来的轨枕通过吊车吊卸到未锚轨枕堆放区,然后人工摆枕,清理道钉孔、堵塞道钉孔、插道钉,拆除锚固架,对已锚固好的轨枕堆码时用方木隔开以保护道钉。

### 4) 挖坊

依据测设位置,用小型机械开挖垫层及钢筋混凝土硬化层部位的土方。过渡段开挖深度不得超过设计深度。基坑开挖完成后,人工夯实基坑底部。

5）底砟铺设（图6-3）

铺道砟对单层厚度为20cm采用一次摊铺、碾压至轨枕底面标高。当道床厚度≥20cm时，采用两次摊铺、两次碾压的方法。

在道床铺砟前，先检查路基面成型标准，包括中线、标高、路基面宽、路拱，然后测量放样。直线和圆曲线每25m设一组中线桩、边桩，缓和曲线每10m设一组，并测定道砟铺设高度。

道砟需符合设计要求，对运进施工现场，经试验不合格的道砟，将作退货处理。

道砟采用汽车运输至施工现场，然后用人工配合推土机将道砟整平。松铺厚度与碎石粒径、形态、级配以及压实标准等因素有关，一般碎石松散系数为1.1～1.2。确定道砟松铺高度通过试验段精确测定。

道砟碾压选用小吨位自行式振动压路机，碾压时从一侧开始至另一侧结束，并且前后碾压方向相反。

道床面达到轨枕底部标高，在道砟面上洒轨枕端头石灰线。采用混凝土轨枕的地段，需在轨枕中心线位置人工开挖60cm、深5cm的凹槽。挖出的道砟堆放在轨枕以外，整道时只需将两侧的备用砟翻上来即可。

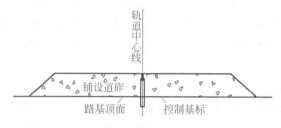

图6-3 铺设底层道砟

6）人工散布轨枕

碎石道床一般地段为钢筋混凝土预应力桁架钢筋式轨枕，用汽车吊将轨枕吊到道床上，然后叉车倒运人工配合散布。

在布枕时，根据已测设的线路中桩，用测绳挂好标线，划出轨枕中线，方正轨枕，使两中线互相吻合。

7）摆放钢轨，扣件安装

在碎石道床地段，满足条件后，采用钢轨运输列车将25m钢轨运输至施工现场，通过在轨枕上设置的滚道线将轨条顶送至铺设位置，用简易龙门架将钢轨落槽至设计位置。钢轨之间用临时特制夹板对钢轨接头进行固定，并根据设计轨枕间距的要求在钢轨的轨腰上画线。根据所画标志调整轨枕间距，同时按部位散布螺栓、垫圈、轨距挡板、弹条等。钢轨调整安装完成后，上扣件临时锁定（图6-4）。

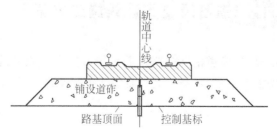

图6-4 铺设轨枕、钢轨

8）铺设上层道砟

当线路荒道形成后，利用道砟自卸车或轨道平板车加工的料斗将预先存放在堆砟场内的面砟运送到线路上，人工配合卸砟，使得轨下部位道砟饱满、均匀。

上砟作业分层进行，配合起拨道工作进行，直至达到设计要求（图 6-5）。

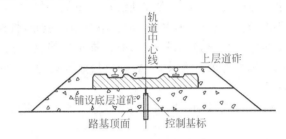

图 6-5　铺设上层道砟

9）起道、捣固与养护

面砟补足后由人工将线路各部位依据铺轨基标进行起道和拨道，使线路直线拨直，曲线拨圆顺，并采用顺高低的办法重点顺平坑洼不平地段，避免轨道出现忽起忽落。在起拨道时，配以小型捣固机进行线路捣固作业，使线路达到设计要求，并用工程重车走行以促进道床稳定。

10）补砟及整修边坡

当线路养护达到规定要求后，对全线范围内的碎石道床进行补砟。两线之间、曲线超高地段的外侧、枕木盒间、道床边坡等地段补足道砟，按 1∶1.75 的要求修整边坡，边坡底线要做到线条分明、流畅、美观。

11）线路沉落整修

当线路施工完成后，加强日常维修、保养，对线路沉落地段和曲线不圆顺地段及时进行整修，直至线路达到验收标准。

12）碎石道床嵌丝橡胶道口地段施工

在需铺嵌丝橡胶道口地段，待股道间平过道混凝土施工完成后，将道口板 U 形螺栓及端部 L 形螺栓从轨枕底部穿出轨枕面，捣实道口地段的道砟。安放中间及两侧道口板，将螺栓与道口板上的预留孔用螺母固定扭紧，并安装橡胶塞。道口端头的中间道口板承轨槽应在 150mm 长度范围内切出 110mm 的喇叭口。

## 6.5.2　碎石道床道岔及交叉渡线施工方案

车辆段内道岔数量较多，成道岔群布置。道岔与道岔之间关系是十分密切的，因此，车辆段内轨道施工应首先施工道岔，再施工其夹直线或连接轨道。

### 1. 施工工艺流程
施工工艺流程如图 6-6 所示。

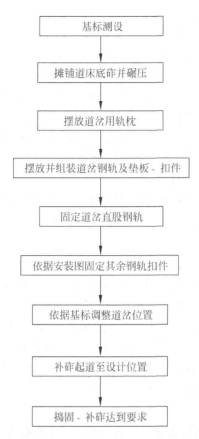

图 6-6　碎石道床道岔及交叉渡线施工工艺流程图

**2. 工序及施工方法**

1）基标测设

道岔铺设前,先清理路基表面杂物,测设铺轨基标,铺设道床底砟,并进行碾压,用水准仪对底砟高度进行测量,然后进行道岔组装。

道岔施工基标设置在线路中心线上,设岔心、道岔始终点,转辙器始终点、辙叉始终点及导曲线始终点的基标和交叉渡线菱形岔心的控制基标,施工测量基标直接设置在路基顶面上,低于路基面 30mm,并用混凝土固定。在其相应位置的线路外侧作标记,以便寻找。

2）摊铺道砟并碾压

道砟采用自制上砟车或自卸汽车运输至施工现场,然后用人工配合铲车将道砟整平。

道床碾压选用小吨位自行式振动压路机,碾压时从一侧开始至另一侧结束,并且前后碾压方向相反,以人工配合进行局部整平,直到达到轨枕底面标高。道床顶面标高误差控制在 $-3\sim0$ cm。

当道床面达到规定标高后,在道床上洒轨枕端头石灰线。

3）铺设道岔

根据道床上所洒轨枕端头石灰线,依据道岔轨枕布置图摆放道岔岔枕(木枕需接长的依据图纸提前进行)。当岔枕按次序摆放完成后,把道岔直股作为基准轨,按道岔组装图要求组装基准股钢轨扣件和非基准股钢轨扣件。依据轨枕上所画基准股钢轨位置,固定基准股钢轨位置。当基准股钢轨固定后,按组装图要求,借助道尺、支距尺固定非基准股钢轨和道岔连接部位钢轨。对于交叉渡线,当 4 个单开道岔安装完成后,依据单开道岔位置控制基标和菱形岔心的十字线控制基标;拨正道岔位置和锐角辙岔、钝角辙岔位置,用鱼尾夹板按组装图要求连接各部钢轨、扣件;调整轨枕位置,借助道尺、支距尺固定菱形岔心于轨枕的位置以及辙岔与道岔间的连接部件的位置,完成道岔或交叉渡线的初步铺设。

4)拨正道岔或交叉渡线位置

当道岔或交叉渡线初步铺设完成后,依据道岔或交叉渡线的控制基标对道岔或交叉渡线的原实际位置进行联调、定位,保证其除高程方向外位置的正确。

5)铺砟、起道、养道

当道岔或交叉渡线位置确定后,对全地段线路范围内进行面砟铺设。当面砟第一次上足后,依据高程控制基标,按每次起升量不超过 50mm 的要求进行起道。起道按首先起道岔的辙岔部位或交叉渡线的菱形岔心部位,然后起转辙器部位,再起连接部位的顺序进行作业。起道过程中,边起道边进行捣固。第一次起道、捣固作业完成后进行第二次补面砟作业,补足面砟后进行第二次起道作业,以此类推。当轨面标高距轨面设计标高相差 30mm时,以后的起道量控制在 5~10mm。越接近设计高程位置,每次起道量越小,直至最后通过微调完成线路的起道养护工作。

6)道床外观整形

按道床设计要求,对道岔的道床外形进行整形(清除多余的道砟,补齐缺少的道砟),使道床外形符合设计要求。

## 6.5.3 立柱式检查坑整体道床施工方案

采用架轨法施工,将施工误差消除在立柱中。先用钢轨支承架将钢轨架好,吊装好扣件及尼龙套管,依据铺轨基标调整好钢轨方向、高低及轨距。为使垫板下立柱结构顶面保持平整,先临时采用同等厚度的木板替代铁垫板下垫板,待混凝土强度达到 70% 以上时,再松开扣件螺旋道钉,换上铁垫板下垫板。

**1. 施工工艺流程**

施工工艺流程如图 6-7 所示。

**2. 工序及施工方法**

1)轨道材料的运输

当基标测设工作完成后,根据材料计划把该地段所用钢轨、扣件、橡胶件、支架等材料运送到检查坑位置,并散布在柱式检查坑的外侧。

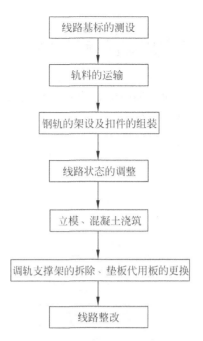

图 6-7　立柱式检查坑整体道床施工工艺流程图

2）轨道架设安装

搭建低于轨顶标高 300mm 的临时台座。在临时台座上摆放下承式调轨支撑架，并把钢轨用门式吊架吊装到上承式调轨支撑架上，用鱼尾夹板固定钢轨与钢轨之间的接头。

在连接好的钢轨轨腰上，把铁垫板、轨下件和扣件按设计要求组装在钢轨上。由于该地段采用无轨枕预埋套管的道床结构，故铁垫板下橡胶垫板用同等厚度的木板代替，用道钉把替代垫板和预埋套管牢牢固定在铁垫板上。套管外设置螺旋箍筋。

3）线路状态的调整

借助道尺在下承式调轨支撑架上调整轨距。依据铺轨基标调整轨道状态，借助三角尺调整其中一股钢轨使其达到规定要求，再利用道尺调整另一股钢轨，使线路状态达到设计要求。调整好状态后的线路，用支撑进行固定。

4）立模、混凝土浇筑

混凝土由商品混凝土公司提供，由搅拌车运至工地。立柱式道床混凝土施工前，应就道床施工的有关要求进行书面交底，在绑扎钢筋时，不要碰固定轨道状态的支撑。按设计要求和规范的规定支立模板，在灌注道床混凝土时，捣固机具不要碰撞轨排，不要污染轨道扣件。

5）钢轨支撑架的拆除及橡胶代用垫板的更换

当混凝土的强度达到 75% 以上后，拆除钢轨调整支撑架和钢轨支撑架的临时台座。

清除钢轨扣件上的混凝土污染物。当道床混凝土强度达到 100% 以上后，拆除钢轨铁垫板上的道钉螺栓，用起道机把钢轨抬起，拆除铁垫板下的代用垫板，更换标准橡胶垫板，重新固定钢轨结构。

6）线路整改

当铁垫板下的代用垫板更换完成后，对轨道线路状态进行局部微调、整改，使轨道状态达到验收规范标准。

## 6.5.4　壁式检查坑整体道床施工方案

采用人工散铺法在施工现场将 50kg/m 的定尺轨组装成轨排,当轨排调整至设计位置要求后再绑扎钢筋、支护模板、浇筑混凝土。

**1. 施工工艺**

施工工艺如图 6-8 所示。

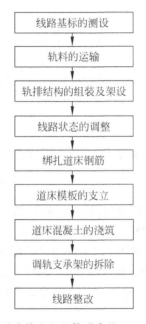

线路基标的测设

↓

轨料的运输

↓

轨排结构的组装及架设

↓

线路状态的调整

↓

绑扎道床钢筋

↓

道床模板的支立

↓

道床混凝土的浇筑

↓

调轨支承架的拆除

↓

线路整改

图 6-8　壁式检查坑整体道床施工工艺流程图

**2. 工序及施工方法**

1) 基标测设

检查坑地段道床线路中心线位于检查坑内,因此线路控制基标和加密基标均设置在基坑内,控制基标每 120m 设置一个,加密基标每 6m 设置一个。基标设置精度满足测量规范要求。基标用混凝土牢牢地固定在地基上。基标测设严格按测量程序进行,并坚持复测和上报制度。

2) 轨料运输

当基标测设完成后,把线路所用的钢轨和材料用人工运送到施工作业面,并沿线路散布在线路两侧。

3) 钢轨的架设与轨排结构的组装

在检查坑纵向范围内按 2500mm 间距安放特制的上承式吊轨架,用门式吊轨架把钢轨吊挂在上承式吊轨架上,用鱼尾夹板连接钢轨。按照线路施工图的扣件安装位置,在钢轨的轨腰上画线,安装铁垫板、橡胶等附件,吊挂支承块。用轨距拉杆连接两股钢轨,形成轨排。

4）线路状态的调整

当轨排形成后,利用轨距拉杆调整轨距,使其符合轨距要求,依据铺轨基标,借助三角道尺调整其中一股钢轨使其达到规定要求,再利用道尺调整另一股钢轨,使轨排满足设计要求。调整完成后的线路状态,用支撑进行固定,确保其位置不变。

5）支立模板和灌注道床混凝土

钢筋、道床混凝土施工时,应向土建施工单位就道床施工的有关要求进行书面交底,在绑扎钢筋时,不要碰固定轨道状态的支撑。按设计要求和规范的规定,支立模板,在灌注道床混凝土时,捣固机具不要碰撞轨排,不要污染轨道扣件。

6）调轨支撑架的拆除和线路整改

道床混凝土强度达到5MPa以上后,拆除钢轨调整支架,清理扣件上的混凝土污物,调整轨道扣件,局部微调线路状态,使线路达到验收标准。

## 6.5.5  整体道床与碎石道床过渡段施工方案

为了整体道床和碎石道床的弹性过渡,在碎石道床和整体道床连接部位设20m长的整碎过渡段。过渡段底层基础是厚度为150mm钢筋混凝土垫层,混凝土垫层表面粗糙,垫层上铺设碎石道床,碎石道床施工方法与车辆段一般地段碎石道床施工方法相同。

**1. 施工工艺流程图**

施工工艺流程如图6-9所示。

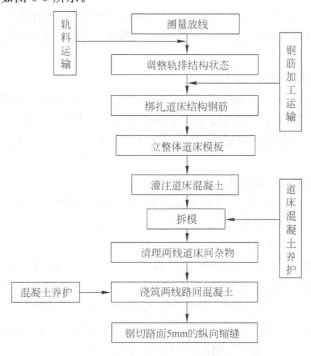

图6-9  施工工艺流程图

**2．各工序施工方法**

1）测量放线

根据铺轨综合图的设计要求，测设轨道线路中心控制桩与高程控制基桩。

精确测设道口位置和高程控制基标，并布设标桩。在土路基上画开挖基坑边线。

2）轨排的组装与吊挂

把预先放置在线路两侧的钢轨和扣件，按照铺轨综合图的要求，依据组装图纸规定组装轨排。横通道地段道床结构为无枕预埋螺旋套管结构，所以套管要通过铁垫板的位置来定位。依据组装图，把铁垫板、扣件等材料连挂在钢轨上。由于横通道道床断面的特殊性，故该段道床采用吊轨法来施工。

固定螺旋套管是用同样厚度的木板代替铁垫板下的橡胶垫板，用道钉螺栓把螺旋套管牢固地固定在铁垫板上。在固定螺旋套管时同时把钢轨连同垫板一起吊挂到特制吊架上。

3）调整轨排线路状态

依据铺轨基标，借助三角道尺和万能道尺调整线路状态。利用吊挂螺栓调整轨顶面的高程，当轨道线路状态达到规范要求后，用支撑固定轨排位置。

4）绑扎过渡段混凝土钢筋

按过道段整体道床设计要求绑扎整体道床钢筋，用同级混凝土砂浆块支垫钢筋网，满足钢筋保护层厚度。在承轨槽的两侧点焊承轨槽边缘保护预埋角钢。

5）支立道床混凝土模板

按平交道口道床外形结构支立模板，道床外侧模板采用木模板。

6）浇筑道床混凝土

道床混凝土分两次浇筑，第一次浇筑在轨腰底的位置，第二次是将剩余的混凝土全部浇筑完毕。在第二次浇筑混凝土前，要将轮缘槽顶角的角钢固定在钢筋上，并在轮缘槽的位置放置方木作为轮缘槽的模板。在浇筑过程中要加强捣固，确保道床混凝土的密实。道床顶面要压光、找平。

7）两线之间的路面施工

当相邻两线线路整体道床施工完成，其混凝土强度达到其设计强度的75％以上后，清理两线间横通道地段的各种污物，绑扎路面钢筋网片，用混凝土砂浆垫块支垫钢筋网片，并按道口施工图在纵向缩缝地段把纵缝拉杆绑扎在钢筋网片上，立端头模板，浇筑路面混凝土。

8）平交道口路面纵向缩缝施工

混凝土强度达到其强度的75％以上时，用水泥路面切缝锯切割路面纵向缩缝。同时抠除整体道床与路面间横向胀缝处的填缝板（抠除深度5mm），用聚氯乙烯胶泥填塞缝隙。

9）碎石道床嵌丝橡胶道口地段施工

在需铺嵌丝橡胶道口地段，根据线路基标，把轨道标高抬高20～30mm，捣实道口地段的道砟，依据Ⅱ型预应力混凝土轨枕长度在轨枕两端部挖除多余道床面砟，压实底砟和相邻道路路基，立边模施工混凝土铺面。混凝土强度达到其设计强度的75％以上后拆模。清除线路轨枕间的道床面砟，并压实底砟。用瓜子片石填平轨枕之间的空隙，并压实。面层高度以低于轨顶面170mm。在钢轨内侧和外侧的混凝土轨枕上按嵌丝道口板上的定位销孔尺寸钻孔,孔径为 25mm,孔深为 50mm。在轨枕孔内插 $\phi$26mm、长 80～100mm 的销钉,然后把嵌丝橡胶板对准销钉铺设在道床中部和钢轨外侧。

# 6.6 绿色施工措施

**1. 生态环境保护措施**

(1) 开工前组织全体干部职工进行生态环境保护知识学习,增强环保意识。

(2) 合理布置施工场地,生产、生活设施尽量布置在征地线以内,在周围进行绿化。

(3) 做好生产、生活区的卫生工作,保持工地清洁,定时打扫,在指定的地点倾倒堆放生活垃圾,不随意扔撒或者堆放。

**2. 水环保措施**

(1) 设污水处理系统,采用隔油沉淀池、气浮设备和二级生化处理设施对施工废水进行处理。设专人值班管理,对施工产生的污水进行处理,直到符合国家规定标准才能排放。

(2) 生产区设污水处理系统,污水经严格净化处理并经检验符合国家环保标准后排放。

(3) 施工机械防止漏油,禁止机械运转过程中产生的油污水未经处理就直接排放,禁止维修施工机械时油污水直接排放。

# 6.7 总、分包管理措施

严格执行国家相关规定,合法选择专业分包商。

(1) 项目经理部做好对专业分包商的技术指导工作,严格按既定的专业工程施工方案对分包工程的施工进行技术监控,保证技术要求达标,并符合本标段整体工程的需要。

(2) 专业分包商严格按照项目经理部规划的平面布置图开展施工,并遵守统一的安全生产管理办法、文明施工条例、环境保护条例等有关规定。

(3) 项目经理部有关职能管理部门负责对分包方施工质量、进度、安全进行管理、控制、监督和检查,确保分包方安全、优质、高效完成分包任务。

# 思 考 题

1. 控制基坑边形的主要方法有哪些？
2. 地基加固处理的作用有哪些？
3. 常见的基坑降水方法有哪些？
4. 常见的加固方法有哪些？

# 第7章

## 施工组织总设计案例

# 7.1 工 程 概 况

### 1. 工程简介

某路段起点桩号 K0＋000，终点桩号 K181＋105.777，路线全长 181.062km。

该部分路段归属同一项目部建设，全线按双向四车道高速公路标准建设，设计时速 100km/h，路基宽度按新建和对现有公路不同的利用方案分别采用了三种路基宽度：沿既 有公路新建半幅路段，路基宽度 25.75m；全幅利用既有公路改建路段，路基宽度 25.50m； 全幅新建路段路基宽度 26m。新建桥涵汽车设计荷载采用公路 I 级。

其中标段：K106＋552.1～K128＋000，路线长度 21.448km，主要工程内容有：路基、 路面、桥涵、防护、排水、路线交叉，板桥 11 座、接长涵洞 5 道，巴彦扎拉嘎停车区匝道及场区 土方、天桥 4 处；辅道Ⅳ13.906km，大中桥 3 座、涵洞 19 道、板桥 2 座。

### 2. 部分工程数量

部分工程数量见表 7-1。

### 3. 工程建设条件

本项目地貌以中、低山及丘陵为主，另见有河流侵蚀堆积地貌，地势东北高、西南低；该 段地形平缓起伏，山脊普遍较宽，山坡平缓，5～15 度，沟谷宽坦。

沿线所处地区属典型大陆性季风气候，四季变化明显。春季干旱多风沙，气温回升快， 日夜温差大；夏季气温较高，最高可达 41℃，雨量集中，主要分布在 7～9 月份，年平均降雨 量 410mm；秋季霜冻期出现较早，气温下降骤然，冷暖变化较大；冬季漫长，伴有寒潮和暴

表 7-1 本合同段部分工程数量

| 序号 | 工程项目 | | | | 单位 | 数量 |
|---|---|---|---|---|---|---|
| 1 | 路基 | 路基土石方 | 挖土方 | | m³ | 324841.2 |
| | | | 挖石方 | | | 84832.8 |
| | | | 挖出非适用材料 | | | 88576 |
| | | | 土石方填筑 | | | 737411 |
| | | 特殊地基处理 | 回填砂砾土 | 桥头结构物回填 | m³ | 109506 |
| | | | | 特殊路基换填砂砾 | m³ | 1594.8 |
| | | | 换填石渣 | | m³ | 151993.4 |
| | | | 土工合成材料 | 土工格栅 | m² | 43979.2 |
| | | | 强夯 | 夯实面积 | m² | 34667 |
| | | | 清表 | 清理现场 | m² | 496929.24 |
| | | 防护、排水工程 | 边沟 | | m | 15964 |
| | | | 排水沟 | | m | 2275 |
| | | | 急流槽 | M10 浆砌片石 | m³ | 448.02 |
| | | | | 现浇 C30 混凝土 | m³ | 128.74 |
| | | | | PE 波纹管 φ30 | m | 1059.81 |
| | | | | 铸铁井盖 | kg | 5692.4 |
| | | | 路基盲沟 | | m | 5525 |
| | | | 填、挖方土质拦水埂 | | m | 27181 |
| | | | 撒播草籽 | | m² | 164986 |
| | | | 护坡 M10 浆砌片石 | | m³ | 26536.12 |
| | | | 护坡 M7.5 浆砌片石 | | m³ | 519 |
| | | | 护坡预制混凝土块 C25 | | m³ | 398.6 |
| | | | 护坡预制混凝土块 C30 | | m³ | 3559.63 |
| | | | 防雪网 | | m³ | 1527 |
| | | | SNS 柔性防护网 | | m³ | 6188 |
| | | | 围墙挡墙 M10 浆砌片石 | | m³ | 2952.9 |
| | | | 河床铺砌 | M10 浆砌片石 | m³ | 2060.5 |
| | | | | C30 混凝土 | m³ | 555.4 |
| | | | 锥坡 M10 浆砌片石 | | m³ | 2711.5 |
| | | | 踏步 M10 浆砌片石 | | m³ | 531.6 |
| | | | 导流堤 M10 浆砌片石 | | m³ | 5393.6 |

风雪天气,最低气温-36℃,属严寒地区,最大冻土深度为 2.5m,最大降雪厚 26cm,无霜期 90~120 天,主要风向为西北风。区域水文地质条件总体为中等类型,路线区域内地表水及地下水较为丰富。根据取地表水及地下水水样进行水质分析,地表水及地下水对混凝土无腐蚀性。

路段主要属丘陵地貌区,路段内地形开阔,地表水不发育。地基土主要由粉质黏土、砾石、碎石、全风化基岩及强风化基岩组成。岩性为火山岩,岩石节理裂隙发育。第四系地层厚度局部变化较大,强度较好。地质构造简单,路段勘探深度范围内见地下水,对路基基本无影响。总体看全线路段(除软弱土地段外)工程地质条件较好,为工程地质稳定区。

根据国家地震局发布的《中国地震动参数区划图》(GB 18306—2001),本区地震动峰值加速度为 0.05g 或小于 0.05g,相应地震基本烈度为Ⅵ度或小于Ⅵ度。

**4. 对本项目工程施工特点、难点的分析**

(1) 项目地处区域自然、生态环境好,施工环保要求高。

(2) 构造物多,施工点多面广。

(3) 沿线经过众多村庄,施工干扰大。

(4) 混凝土外观质量要求高。

(5) 存在老路全幅利用及新建右幅两种类型。

(6) 辅线管线用地。

# 7.2　施工组织总体部署的概念

**1. 施工总体目标**

1) 质量目标

分项工程合格率 100%,分部工程合格率 100%,单位工程合格率 100%,项目交工验收综合评分 95 分以上,竣工验收工程质量综合评定优良(得分 93 分以上);重特大质量事故 0 案次/年,顾客满意度 100%。

2) 安全、文明施工目标

杜绝安全责任事故,无死亡事故;无重大设备、火灾、交通等安全事故;职工年重伤频率控制在 0.5‰以下;管理规范,资料齐全,考核达标准化工地要求。

3) 工期目标

计划工期:36 个月。计划开工日期:2015 年 10 月 20 日,计划完工日期:2018 年 10 月 20 日,确保在 36 个月内完成所有施工任务。

4) 环保目标

施工区段内无水土流失,不因施工破坏周围环境,污染物排放达标、最大限度的节约能源和资源。

**2. 施工组织机构设置及人员安排**

1) 组织机构设置

项目实行"两层分离"管理模式,项目经理部设管理层和操作层,对进场的资源进行统一管理、指挥、调动。同时为确保本工程施工顺利进行,将结合自身综合实力、技术专长及具体施工特点,成立专家组对施工过程中的技术、质量、安全、环保等问题进行咨询把关,提供足够的技术后援。

2）管理人员安排及职责

公司将委派有丰富施工经验的项目经理、总工程师、专业工程师负责本项目的管理,项目经理部拟配备管理人员共 56 人。

主要部门包括生产部、安全环保部、技术质量部、法律合同部、劳资机械部和办公室。

3）各作业队施工任务划分

施工队伍安排充分考虑本工程施工技术专业性强的特点,本合同段工程安排一个路基作业队、一个基桩作业队、一个桥梁下部作业队、一个桥梁上部及桥面作业队,一个拌和站作业队、一个路面作业队、一个涵洞作业队对工程进行施工。

4）机械设备投入计划

主要施工机械设备由项目生产部负责调度、管理和维护,统一调配给各作业队使用。根据工程具体施工进度随时可增加设备的投入,以确保工期。

5）材料投入计划

（1）材料的采购、供应

主材及大宗施工临时材料由公司集中招标采购。对于批量采购优先采用招标采购,采购单位从长期合作并有较高信誉的供应商中确定。对特殊规格具有垄断经营性质的材料,采用定量定点定购。

（2）材料的运输

由供货商或生产厂家负责送货到现场,周转材料通过陆运至现场。

（3）材料储存

砂、碎石露天堆放；水泥、粉煤灰等采用水泥罐、仓库储存；钢材搭设钢筋棚堆放,下垫上盖；其他有特殊要求的材料库房保存。

6）施工组织安排

（1）在满足施工要求的前提下,尽量少占临时用地,合理进行施工平面布置,因地制宜,减少消耗,降低成本。完工后充分复耕土地。

（2）采用平行、交叉流水作业,保持均衡生产,运用网络技术安排施工进度计划,科学安排冬、雨、大风期间的施工。尽量降低运输费用,保证运输方便,减少和避免二次搬运。

（3）充分利用现有的机械设备,扩大机械化施工范围,提高机械化程度,改善劳动条件,提高机械效率。以主体工程为核心布置其他设施,要有利生产、生活、安全、消防、环保、劳动保护等。

（4）积极采用新材料、新设备、新工艺和新技术,提高产品质量水平,遵循技术要求,符合劳动保护和安全生产的要求；采取必要的防火、防盗措施。

7）施工总平面布置

为了优质、高效地建设本合同段工程,强化驻地建设和施工过程的控制,推行施工标准化管理,项目施工总体布置力求规范合理,能切实满足项目技术、质量、安全及文明施工的需要。

# 7.3 主要工程项目的施工方案、方法与技术措施

**1. 路基工程**

1) 土石方开挖

路基开挖要求自上而下进行,可采用纵挖法和横挖法或两者相结合,利用挖掘配合自卸汽车进行施工。采用纵挖法施工时,根据挖方的长度、高度可分别采用分层纵挖法和分段纵挖法。路堑开挖不管采用何种方法,必须注意不得超挖,不得打洞挖坑,并注意做好雨季排水,及时由人工配合挖掘机做好路堑边坡的修整。

对挖土方地段的路床顶面标高,应考虑因压实而产生的下沉量,其值由试验确定。

2) 路基填筑

(1) 土方填料要事先做好土样的液限颗粒大小分析、干密度、含水量的检测,要在接近最佳含水量的情况下分层填筑与压实,否则要晾晒或洒水。

(2) 在开工前 28 天,安排试验路段施工,试验路铺筑长度不小于 200m。现场试验应进行到能有效地使填料达到规定的压实度为止,通过试验路段施工取得压实设备的类型及最佳组合方式、碾压次数及碾压速度、每层材料的松铺厚度、材料的含水量等有关参数,报监理工程师批准后,即作为路基施工的质量控制依据。

(3) 路堤填筑采用水平分层填筑,即按照横断面全路幅宽分层水平向上填筑。如原地面不平,要从最低处分层填起,每填一层压实符合规定要求后,再填一层,采用 20t 压路机压实,填土路堤每层摊铺厚度为 30cm,最小摊铺厚度不得小于 15cm。

(4) 填料运距 100m 以内,用推土机推土;100m 以上用挖掘机、推土机、装载机配合自卸汽车挖土、推土、装土、运土、卸土。然后用推土机推平,平地机初平,自行式压路机静压,平地机再次整平,接着进行振动压路机碾压达到设计要求,最后用自行式压路机微振收光清除轮迹。工艺上即称"一推二平三碾压"。路堤压实后,每层路基面不得有松散、软弹、翻浆及不平整现象,否则必须重新处理。

**2. 路基防护及排水施工**

路基防护及排水施工主要包括边坡植草防护、鱼鳞形骨架植草护坡、人字形混凝土骨架植草护坡等。

排水、防护工程由于点多面广,宜铺开多点施工。混凝土预制块由预制场统一预制供应,专人监管,以保证其质量。

(1) 排水、防护工程要根据总工期的要求及当地天气状况,合理安排施工期。根据各土方作业队施工安排,分段平行流水作业,采用砂浆拌和机拌制。

（2）材料选用质地坚硬,石料应满足《技术规范》上材料要求,砂砾应清洁干净,无杂物和杂质,砂浆一律采用砂浆拌和机,配合比通过试验确定,满足现场要求。

（3）排水防护工程砌体要保证强度,坐浆饱满,墙体平整和勾缝美观。勾凹缝要有棱有角,勾凸缝要圆滑平顺,勾平缝要宽平一致。排水沟、边沟、截水沟砌筑必须拉线,选料凿面嵌砌恰当,沉降缝垂直,缝宽一致,严禁采用通缝砌筑。

（4）边坡植草皮防护,预制块骨架护坡防护,待路基成型后,无论是挖方段路堑边坡,还是填方段路堤边坡,都必须在边坡进行机械刷坡后,人工清理,在保证路基宽度后进行,预制块骨架护坡,施工完成后,在骨架后培土,种植草皮。

# 7.4 桥梁工程

**1. 桩基施工**

1）设计概况

全线桥梁桩径有 1.2m、1.5m、1.8m 三种,主要施工方法包括冲击钻钻孔成桩方法施工和人工挖孔成桩方法施工。

2）钻孔灌注桩施工要点

（1）采用冲击钻进行桩基钻孔施工,需配备空压机和泥浆分离器。

（2）钻孔灌柱桩施工工艺流程如图 7-1 所示。

3）钻孔灌注桩施工关键技术及工艺

（1）钻机选择。

（2）护筒埋设。

（3）泥浆循环系统的设置。

（4）冲孔。

（5）清孔、检孔。

（6）钢筋笼制作与安装。

（7）水下混凝土的浇筑。

（8）超声波检测管安装。

4）人工挖孔桩施工要点概述

（1）采用人工挖孔进行桩基钻孔施工,需配备卷扬机和空压机。

（2）人工挖孔桩施工工艺流程如下：

放线定桩位及高程→开挖第一节桩孔土方→护壁→安装卷扬机→安装吊桶、照明设备、活动盖板、通风设备→开挖第二节桩孔土方→逐节往下循环作业→开挖孔底部分→检查验收→吊放钢筋笼→浇筑桩身混凝土

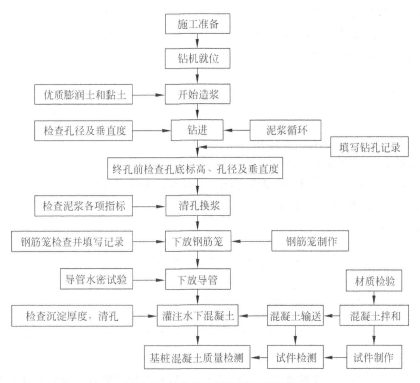

图 7-1　钻孔灌注桩施工工艺流程

5）人工挖孔桩施工关键技术及工艺

（1）放线定桩位及高程。

（2）开挖第一节桩孔土方。

（3）检查桩位中心轴线。

（4）架设运输架。

（5）挖孔。

（6）混凝土护壁施工。

（7）成（终）孔检验。

（8）钢筋骨架制作安装。

（9）桩身混凝土灌注。

**2．扩大基础施工**

扩大基础施工按常规方法施工，主要工序为基坑开挖处理基底、测量放样、绑扎钢筋、立模、浇筑混凝土。整个施工应安排在晴天或少雨时间里，并做好各项准备工作，连续不断、有计划地快速施工，必要时安排抽水设备。基坑开挖采取机械开挖与人工开挖相配合的方法（机械开挖至离基础底标高 30cm 时，改用人工开挖，防止开挖基坑对下面土层的扰动）。基坑开挖到位后，做好基桩检测准备工作，扩大基础钢筋绑扎时，应注意墩身钢筋的预埋工作。预埋时应保证钢筋定位的准确，钢筋接头位置应相互错开，满足规范要求。混凝土浇筑之前，应再对钢筋预埋件等进行一次全面检查。浇筑时按 30cm 厚度、一定的顺序水平分层浇筑，采用插入式振动器振捣，并要求在下层混凝土初凝前或能重塑前完成上层混凝土浇筑，因此考虑在拌制混凝土时加入适量的缓凝减水剂,减水剂的用量由试验室确定。基础施工要求断面尺寸不得超过±30mm,轴线偏位不得超过15mm。基础施工完毕,及时进行基坑回填、分层夯实,以方便墩身、箱梁施工。

### 3. 墩柱施工

1) 施工思路

(1) 本桥柱式墩为低墩身,拟采用一次性立模浇筑。

(2) 模板安装采用脚手架搭配汽车型吊车进行安装。

(3) 钢筋半成品采用在钢筋棚集中制作,平板车运输至工点现场绑扎成型;混凝土由搅拌站供应,采用混凝土输送泵或吊车提料进行浇筑。

2) 施工流程(图7-2)

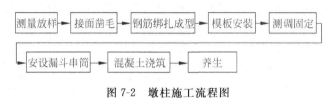

图7-2 墩柱施工流程图

3) 施工工艺

墩身施工前先在承台或系梁顶面进行施工放样,人工凿毛墩柱与承台或系梁接合面,淡水清洗凿毛面后,校正墩柱预埋筋平面位置及竖直度;并在墩柱钢筋根部设置模板安装限位撑。

### 4. 盖梁施工

1) 施工思路

墩身盖梁采用抱箍法或销棒法进行施工。钢筋半成品由陆地钢筋棚制作,平板车运输至施工地点绑扎成型。混凝土在拌和站集中拌和,罐车运输,采用吊车进行浇筑。

2) 施工流程(图7-3)

图7-3 盖梁施工流程图

3) 施工工艺

(1) 搭设施工支架。

(2) 钢筋骨架制作、安装。

(3) 模板工艺。

(4) 浇筑混凝土。

(5) 养护。

**5．箱梁、空心板预制及安装**

1）工程概况

本合同段共有预应力混凝土 40m 箱梁 72 片、13m 空心板梁 112 片、20m 空心板梁 108 片。

2）预制场布置

（1）场地布置考虑的因素

项目部进场后，立即准备预制厂的筹建。预制厂分为制梁区、存梁区。制梁区布置 40m 箱梁台座 12 个、20m 空心板梁台座 6 个、13m 空心板梁底宽与 20m 空心板梁一致，所以 13m 空心板台座与 20m 空心板梁的台座可以通用，共设置 4 个长线台座。

（2）台座的设置

先整平、夯实地基，然后铺设 15cm 厚的碎石垫层。预制场内设防排水设施。台座基底夯实平整，铺 15cm 厚 C15 混凝土进行表面硬化，箱梁台座采用扩大基础为主要结构形式。台座混凝土厚度 20cm，并设立预拱度，铺设钢板。

3）模板制作、拼装

箱梁模板共配置 3 套（2 套边梁、1 套中梁）40m 箱梁模板，箱梁平均工效按 1 片/10 天计算；配置 6 套（2 种边梁各 3 套）20m 板梁模板，20m 板梁平均工效按 6 片/10 天计算；配置 10 套（2 种边梁各 3 套）13m 板梁模板，13m 板梁平均工效按 10 片/10 天计算。

4）后张法 40m 箱梁预制

（1）钢筋绑扎和管道安装。

（2）混凝土浇筑、养护。

（3）预应力张拉、压浆及封锚。

5）先张法 13m、20m 板梁预制

施工工艺流程如图 7-4 所示。

根据工程实际情况，项目部拟建空心板预制台座（长 73m，宽 10.16m），承担预应力空心板梁的预制。该预制场设长线台座 4 排（2 排 20m 板梁，2 排 13m 板梁），20m 板梁每排同时预制 3 片，13m 板梁每排同时预制 5 片。

根据空心板梁的特点，从"安全、实用"的角度决定采用墩式台座与框式台座相结合的方法，台座主要有张拉横梁、混凝土台墩、传力柱、连接系梁、台面组成，张拉力通过张拉横梁传给传力柱，张拉横梁采用钢结构，由 I50 和 1.5cm 厚钢板焊接而成，台墩结构长 11m、宽 3m、高 2m，墩台、传力柱连接系梁都采用 C30 钢筋混凝土，传力柱长 68m，传力柱间每 5.5m 或 6m 设置一道连接系梁，传力柱与系梁截面形式都为 50cm×50cm 的矩形截面。

台面采用混凝土扩大基础并适当配筋，使空心板预制场成为一个整体，空心板底模采用 6mm 钢板，并用∠3 角钢包边。

预制场沿台座方向布置 40m 跨径 25t 龙门吊 2 台，用于空心板梁吊移，混凝土的浇筑、模板吊装等。

（3）钢筋加工及安装

主要施工过程包括钢筋除污、钢筋切断、弯曲成型、钢筋接长、钢筋的堆放与运输、钢筋绑扎和控制钢筋偏位的措施等。

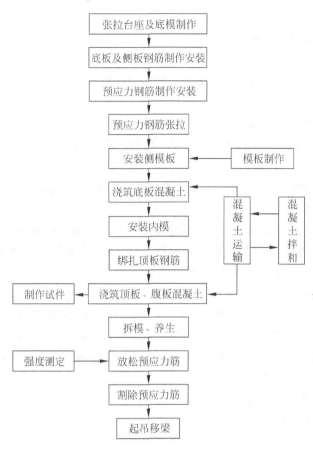

图 7-4 施工工艺流程图

（4）模板工程

模板工程的主要施工过程包括模板制作、模板安装和模板拆除。

（5）张拉施工工艺

张拉施工工艺主要包括张拉施工工艺流程、张拉设备及夹具和钢绞线参数及张拉应力和伸长值的计算。

（6）混凝土浇筑

在实际浇筑过程中，按浇筑底板、放芯模板、绑扎顶板钢筋、浇筑腹板顶板混凝土的顺序施工。

在钢筋和外部模板安装完成后，芯模暂不就位。浇筑时从一端开始，先浇筑底板混凝土，振捣密实且保证混凝土面达到设计厚度，人工去除超出设计标高较多的混凝土。振捣人员退出后，拆除拉杆，安装芯模板，待芯模准确定位后，绑扎顶腹板钢筋，顶腹板钢筋绑扎完毕后，重新安装拉杆，再开始下料浇筑腹板及顶板混凝土。

在腹板混凝土浇筑时，注意两侧同步均匀下料，严格掌握振捣时间，严禁振捣棒拉料和过振，避免出现芯模偏移和上浮。

（7）混凝土养护

混凝土具有热胀冷缩性质，其温度线膨胀系数一般为$(1.0 \sim 1.5) \times 10^{-5} / ℃$。由于混凝土是热的不良导体，胶凝材料水化后产生的大量水化热难以迅速释放，易产生比较大的温度变形。如脱模后不能及时洒水养护,混凝土脱水将影响水化反应的正常进行,不仅降低强度,而且加大混凝土收缩,易出现干缩裂缝。

(8)放张

放张前对现场同条件养护混凝土试块进行强度检验,当混凝土强度达到设计标号的85%以上并经现场监理工程师同意后,方可进行放张。

放张要对称、均匀、分级放张,不得一次到位。放张后用砂轮片切断钢绞线,切除后的钢绞线端部要及时涂防锈漆,并及时量测梁的拱度,做好拱度记录。

(9)移梁、堆放

对放张完毕的梁进行统一编号标识,用龙门吊吊起后运到存梁区存放。起吊在制梁台座上进行。穿钢丝绳时注意钢丝绳要顺直,排列整齐,不得出现挤压、弯死现象,以免钢丝绳受力不均而挤绳。预制梁时在梁端预埋吊装环,起吊钢丝绳的保险系数应达到5~7倍并经常检查。起吊时,吊起20~30cm后,要检查各部位有无不正常变化,确认情况良好且无障碍物、挂拌物后,方可继续提升。起吊过程中前后高差不得超过2%。龙门吊行走轨道保证结实、平顺、无三角坑,龙门吊要慢速行走。作业人员统一口令,司机必须持证上岗,保持头脑清醒,熟悉操作规程,按照指挥人员的信号进行操作,龙门吊四个角设专人看护。

存梁按编号有规划地存放,以方便各标段架梁时取梁。梁体的存放高度最大不超过5片。在梁的两头设置牢固的存放支座,使梁处在简支状态下存放,不得将梁直接放在地上,以免地面不平引起梁片上部受拉而使梁上部产生裂缝甚至断裂。

6)梁体安装

(1)架梁准备

在吊梁施工准备之前,先检查支座预埋钢板的平整度,对支座预埋钢板不平整的地方一定要进行打磨修整,直到符合规范要求为止。然后在支座预埋钢板上放样支座的中心点,并用墨线在钢板上弹出顺桥向及横桥向的墨线,这样有利箱梁安装的精度及箱梁支座的安放。

(2)梁体架设

运梁平车将箱梁运至架桥机后跨内,将前平车和后平车移动到箱梁吊点位置,装上吊具后同时起吊。吊离平车面20~30cm时应暂停起吊,对架桥机各重要受力部位和关键部位进行观察,确认没有问题时才能继续起吊。梁体在起落过程中应保持纵、横向倾斜度最大不应超过2%、纵向两端高差以不大于30cm为限。两小车同步向桥纵向运行到箱梁的前面安装点,梁体下落至盖梁20cm时,应保持梁的稳定,应先落稳一端再落另一端。同时注意支座偏差,梁倾斜度,在箱梁就位之后,必须检查支座与箱梁的贴紧程度。贴紧程度检查合格后,必须对箱梁进行稳定,即予以临时支撑。解除箱梁的吊具。在整孔箱梁的横向连接完成后,即可纵移架桥机进行下一孔的架设。

**6. 现浇板桥施工**

1)施工思路

标段内小桥现浇实心板采用扣件式满堂支架施工。

2)施工工艺

(1)支架设计

扣件式满堂脚手架的主要构件由立杆、横杆、剪刀撑和底座组成。各种杆件均采用外径

48mm、壁厚 3.5mm 的无缝钢管,在钢管上沿纵向铺设双肢 10 号槽钢,其上搭设 I10 型钢分配梁,最后铺设模板。

施工前对基底进行处理,先对地基进行整平,然后用小型夯机对地基进行夯实。在夯实的地基上方垫放枕木作为基础(可回收周转利用),从而保证支架的稳定并避免发生沉降。在四周设置排水沟,防止积水浸泡,造成地基变软。

(2) 模板

底模、外侧模均采用木模板。模板铺设应平整,接缝位置平顺且采取相应措施防止发生漏浆。

(3) 钢筋

钢筋在安装完成底模后,一次性绑扎到位。

(4) 混凝土浇筑

8m 板梁混凝土由两边向跨中浇筑,一次性浇筑完毕。

### 7. 涵洞施工

1) 施工思路

本工程盖板涵有 1~2m、1~4m 两种涵洞形式。

(1) 涵洞的场地布置充分利用路基红线内的范围,在涵台两侧预留足够施工范围的场地安置设备,即将原地面清表后整平压实。

(2) 盖板在预制场集中预制,通过运梁平车运送至施工现场,汽车吊装。

2) 施工流程(图 7-5)

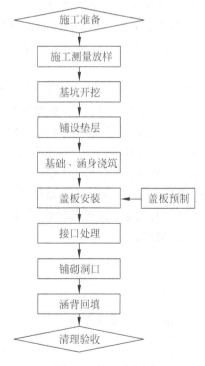

图 7-5　施工流程图

3）施工工艺

（1）基础施工

整体式基础：清除涵位河床内的淤泥、杂物，按测量放样位置开挖整体式扩大基础基坑，坑壁坡度采用1∶1.5，坑深1.85m。基坑开挖完毕进行人工夯实，再在坑底铺垫一层8cm厚的砂浆，测量放样放出基础的准确位置，然后立模、绑扎钢筋，进行涵台及八字墙基础浇筑。待基础强度达到设计强度的75％时，拆除模板，在其上绑扎钢筋、立模，进行涵台及八字墙身浇筑，最后完成台帽的浇筑。

分离式基础：按测量放样位置开挖分离式扩大基础的基坑，坑壁坡度采用1∶1.5，坑深根据设计高程确定。基坑开挖完毕进行人工夯实，再在坑底铺垫一层8cm厚的砂浆，测量放样放出基础的准确位置，然后立模、绑扎钢筋，进行基础浇筑。待基础强度达到设计强度的75％时，拆除模板，在其上绑扎钢筋、立模，进行涵台及八字墙的浇筑，最后完成台帽的浇筑。

（2）钢筋盖板涵的预制

主要施工流程包括场地平整、模板安装、钢筋绑扎及预埋件定位。

（3）预制盖板的安装

检查预制板及边墙尺寸，调整沉降缝，使拼装宽度与设计沉降缝吻合。预制板用吊车进行吊装，在盖板与台帽之间设置1cm厚的油毛毡支座。在预制板吊装就位后，在板端与背墙缝隙间用30♯水泥砂浆填实，再在上、下部间用栓钉通过预留孔连接。盖板安装后再在每个栓孔用20♯小石子混凝土填满捣实。

（4）台后填土

台后填土在涵台达到强度和上部结构安装完毕，锚固栓孔内混凝土强度达到70％后进行，在两端台后同时对称分层填筑，并采用人工夯实，高程达到涵顶设计高度。

# 7.5　路面工程施工

**1. 路面底基层、基层施工**

1）施工方案

水泥稳定砂砾底基层及水泥稳定碎石基层采用集中拌和、汽车运输、两台摊铺机半幅一次铺筑的方案，当铺筑厚度大于20cm时按两层碾压施工。

2）原材料的技术要求

（1）水泥

普通硅酸盐水泥、矿渣硅酸盐水泥、火山灰质硅酸盐水泥都可用于拌制水泥稳定碎石混合料,宜采用强度等级不低于 42.5 级水泥。

（2）碎石

基层碎石压碎值应不大于 28%,粗集料针片状含量应不大于 18%（宜不大于 15%）。其级配范围应符合表 7-2 的规定。

表 7-2　水泥稳定碎石基层混合料级配组成

| 筛孔/mm | 31.5 | 26.5 | 19 | 9.5 | 4.75 | 2.36 | 0.6 | 0.075 |
|---------|------|------|-----|------|------|------|------|-------|
| 通过率/% | 100 | 90～100 | 72～89 | 47～67 | 29～49 | 17～35 | 8～22 | 0～7 |

底基层碎石压碎值应不大于 30%,粗集料针片状含量应不大于 18%（宜不大于 15%）。其级配范围应符合表 7-3 的规定。

表 7-3　水泥稳定碎石底基层混合料级配组成

| 筛孔/mm | 37.5 | 31.5 | 19 | 9.5 | 4.75 | 2.36 | 0.6 | 0.075 |
|---------|------|------|-----|------|------|------|------|-------|
| 通过率/% | 100 | 90～100 | 67～90 | 45～68 | 29～50 | 18～38 | 8～22 | 0～7 |

（3）水

不应用含有机杂质的水,凡人畜饮用水及其他清洁无化学物质、无污染的水均可使用。遇有可疑水源时,应进行化验鉴定,经监理工程师同意后才能使用。

3）混合料组成设计

（1）原材料的检验

根据规范对水泥、碎石的要求,选择适合于水泥稳定碎石的原材料。根据水泥稳定碎石的设计强度,确定最佳水泥的含量。对水泥进行安定性及初、终凝时间试验,确定适宜用于稳定碎石的水泥品种。

（2）混合料设计步骤

分别制备 3 组以上不同的水泥含量的水泥稳定碎石试件,进行重型击实试验,测定各种不同水泥含量试件的最大干密度和最佳含水量。

按设计的压实度和最佳含水量制作试件,在标准养护箱中,保湿养生 6 天,浸水 1 天后进行无侧限强度试验。

初步选一种或两种能满足强度要求的水泥含量制作试件,进行重复试验,以核对原试验结果的准确性,确定一种试件作为标准试件,上报监理工程师审批,并提出水泥含量（%）、最大干密度（g/cm³）及最佳含水量（%）。

若对比试验与原试验结果相差较大,应分析原因,重制试件,直至符合要求为止。

4）铺筑试验段

按规范要求在大面积施工前应修筑不少于 100m 的水泥稳定碎石基层试验路段,并做好总结。

5）施工方法

底基层及基层摊铺采用基准钢丝进行标高、平整度及横坡度控制。

（1）下承层准备

路基施工完毕后，应对路基进行沉降观测，当沉降速率连续两个月小于 5mm/月时，方可进行水泥稳定碎石底基层及基层的铺筑。

水泥稳定碎石基层、底基层施工时，应加强现场的排水设施，以便降雨时地面水能及时排除，确保工程质量。

（2）拌和

开始拌和前，拌和场的备料应能满足 15 天的摊铺用料。

每天开始搅拌前，应检查场内各处集料的含水量，计算当天的施工配合比，外加水与天然含水量的总和要比最佳含水量略高，并严格控制含水量。同时，在充分预估施工富余强度时，要从缩小施工偏差入手，不得以提高水泥用量的方式提高路面基层强度。

每天开始搅拌之后，按规定取混合料试样检查级配和水泥剂量，并随时在线检查配比、含水量是否变化。高温作业时，早晚与中午的含水量要有区别，应根据温度变化及时调整。

（3）运输

运输车辆在每天开工前，要检验其完好情况，装料前应将车厢清洗干净。运输车辆数量一定要满足拌和出料与摊铺需要，并略有富余。

应尽快将拌成的混合料运送到铺筑现场。车上的混合料需覆盖，以减少水分损失。如运输车辆中途出现故障，必须立即以最短时间排除；当车内混合料不能在水泥初凝时间内运到工地时，必须予以废弃。

（4）摊铺

摊铺前应将底基层洒水湿润；对于基层下层表面，应喷洒水泥净浆，按水泥质量计，宜不少于（1.0～1.5）kg/m²。水泥净浆稠度以洒布均匀为度，洒布长度以不大于摊铺机前30～40m 为宜。摊铺前应检查摊铺机各部分运转情况，而且每天坚持重复此项工作。调整好传感器臂与控制线的关系，严格控制基层厚度和高程，保证路拱横坡度满足设计要求。

（5）碾压

每台摊铺机后面，应紧跟三轮或双钢轮压路机、振动压路机和轮胎压路机进行碾压，一次碾压长度一般为 50～80m。碾压段落必须层次分明，防止少压和过压，设置明显的分界标志，必须有监理旁站全过程监督。碾压应遵循试铺路段确定的程序与工艺。注意稳压要充分，振压不起浪、不推移。压实时，遵循稳压（遍数适中，压实度达到 90%）→轻振动碾压→重振动碾压（胶轮挤密压）→钢轮稳压的程序，压至无轮迹为止。碾压过程中，可用核子仪初查压实度，不合格时，重复再压（注意检测压实时间）。碾压完成后，按规范要求的方法检测其压实度。

（6）横向接缝处理

水泥稳定碎石混合料摊铺时，应连续作业，如因故中断时间超过 2h，则应设横缝；每天收工之后，第二天开工的接头断面也要设置横缝；要特别注意桥头搭板前水泥碎石的碾压。横缝应与路面车道中心线垂直设置，接缝断面应是竖向平面。设置方法：压路机碾压完毕，沿端头斜面开到下承层上停机过夜。第二天将压路机沿斜面开到前一天施工的层面上，用3m 直尺纵向放在接缝处，定出基层面离开 3m 直尺的点作为接缝位置，沿横向断面挖除坡下部分混合料和前一天压实层（0.3～0.5m）范围，清理干净后，摊铺机从接缝处起步摊铺。

### 2．透层和黏层施工

（1）采用的沥青标号和品种应满足合同文件及技术规范要求。

（2）采用的集料必须清洁、干燥、无风化、无杂质，具有足够的强度和耐磨耗性；集料的最大粒径与封层厚度相等，最大与最小粒径之比不大于 2；符合粒径规格的颗粒含量，不少于 80%；其他技术指标应满足规范的要求。

（3）选择在干燥和较热的天气施工。

（4）施工工序应紧密衔接，沥青洒布长度与石料摊铺相配合，避免浇油后等待较长时间才摊铺集料。

（5）碾压应在摊铺后立即进行，并在当日完成；用钢轮压路机碾压，每层混合料应在摊铺的全宽范围内初压一遍，并按需要进行补充碾压以使表面集料均匀嵌入；碾压速度控制在 2km/h 以下，碾压 3~4 遍。

（6）根据实际情况，养护一定天数，并将表面多余的材料清扫干净。

### 3．沥青混凝土面层施工

1）施工方案

（1）沥青混凝土面层：采用 1 套间歇式沥青拌和楼进行拌制。自卸车运至现场，采用 2 台沥青混凝土摊铺机半幅一次成型的铺筑方案。

（2）铺筑中的调平：下、中面层采用基准钢丝法，上面层采用滑移式基准梁法。

2）开工前的准备

沥青混凝土面层施工前主要抓下列几项准备工作：场地准备、设备调试、材料准备和试验检测。

3）技术准备工作

（1）原材料均应符合技术规范的要求。

（2）沥青混合料配合比设计：每层沥青混合料均按三阶段进行配合比设计，即目标配合比设计阶段、生产配合比设计阶段、生产配合比验证阶段。通过配合比设计决定沥青混合料的材料品种、矿料级配及最佳沥青用量。

（3）确定下面层沥青混凝土施工方法。

# 7.6　工期保证体系

### 1．工期保证承诺

制定科学合理的施工进度计划，根据计划组织人员、机械设备，并向业主承诺：在 36 个月内完成本项目全部施工。

**2. 工期保证体系的建立**

根据合同工期及设计要求,合理地进行总体施工策划,建立以项目经理为主要责任人、生产副经理为主要实施人,计划、人员、设备、物资、资金等多方面统筹协调的进度保证体系。

# 7.7　工程质量管理体系及保证措施

**1. 质量目标的确定**

分项工程合格率 100%,分部工程合格率 100%,单位工程合格率 100%,项目交工验收综合评分 95 分以上,竣工验收工程质量综合评定优良(得分 93 分以上);重特大质量事故 0 案次/年,顾客满意度 100%。

**2. 建立健全质量管理组织结构**

建立以项目经理为工程质量第一责任人的工程质量管理机构,贯彻执行质量目标和质量管理办法;建立以项目总工程师负责的工程技术、质检、试验、测量监控四位一体的质量保证体系。

1) 建立项目质量管理领导小组

项目质量管理实行项目经理负责制,即项目经理为工程质量第一责任人,担任项目质量管理领导小组组长。小组成员包括总工程师、副经理、质检部长、技术部长及各作业队队长。

2) 组建各作业队质量工作小组

作业队质量工作小组由作业队长担任组长,作业队技术主管担任副组长,成员由作业队质检员及作业班组长组成。

3) 成立项目专职质量管理部门

成立由工作经验丰富且具有一定管理水平、作风正派、办事认真的工程师担任负责人的质检部。部内配有专职质检工程师、技术员、资料员各一名。

4) 加强总工程师负责的质检、试验、测量监控体系

工程质量的检测评定由质检、试验、测量三个技术专业完成。为了提高工程质量,项目将通过配置先进的检测仪器、规范管理制度和加强培训来提高工作人员的工作质量,从而加强质检、试验、测量监控体系。

### 3. 完善质量保证体系

工程施工中严格贯彻 GB/T 19001—ISO 9000 质量标准要求,建立健全质量保证体系,制定与本工程相适应的《质量手册》,进行质量策划,编制项目质量计划,开展日常质量活动,并通过内部质量体系审核,保证质量体系有效运行。

### 4. 质量管理制度

在质量管理活动中,项目严格贯彻执行以质量岗位责任制为核心的,且行之有效的各项制度:

(1) 质量岗位责任终生负责制度。

(2) 质量岗位责任挂牌明示制度。

(3) 质量控制组活动制度,质量管理全员参与制度。

(4) 质量控制预案制度。

(5) 质量评定奖罚制度。

(6) 重点难点工程技术交底制度。

(7) 自检互检,工序交接签证制,定期、不定期质量检查制度。

(8) 隐蔽工程检查签认制度。

(9) 质量事故"三不放过"制度。

(10) 质量通病治理制度。

### 5. 主要分项工程质量保证措施

基桩、系梁、承台、墩身、空心板预制安装等主要分项工程的施工方法、防控预案等质量保证措施在第 2 章中均有详细阐述,本章不再重复。

# 7.8 安全生产管理体系

### 1. 安全管理目标

(1) 杜绝安全责任事故,不发生一次重伤 2 人以上的安全生产事故,无死亡事故。

(2) 无重大设备、火灾、触电、交通、食物中毒等重大事故。

(3) 职工年重伤比例控制在 0.5‰以下。

(4) 安全管理规范,资料齐全,考核达到当地标准化工地要求。

### 2. 安全管理组织机构

项目经理对项目的安全生产全面负责,项目生产副经理负责安全管理的领导工作,项目安全环保部为安全主管部门,各作业队设置专职安全员,层层负责项目的各项安全生产管理工作。

### 3.项目安全生产保证体系

安全生产是一切施工的前提条件,在整个施工过程中贯彻"安全第一,预防为主"的方针,建立健全项目安全生产保证体系。

# 7.9　安全保证措施

### 1.制度保障

1)建立各项安全规章制度及责任制度

开工初期,项目安全环保管理部门依据公司《安全环保管理分册》同时结合业主及地方政府的要求编制项目安全生产责任制、安全检查、安全教育与培训、安全交底、安全奖罚、安全事故管理、现场安全管理规定、消防管理规定等制度以及项目各部门、各岗位的责任制度。

2)编制应急预案

结合项目所处地理位置、气候条件及本桥型的结构特点,由安全环保部牵头,其他部门配合编制事故应急救援预案、消防应急救援、防台应急救援和其他紧急事件的应急救援预案。

### 2.安全技术措施管理

1)安全作业指导书

项目安全环保管理部门根据现场实际情况编制安全作业指导书。

2)专项安全技术方案

对于较大分项分部工程,依据建设部《危险性较大工程安全专项施工方案编制及专家论证审查办法》编制安全专项施工方案,项目安全副经理进行汇总并交底,方案和交底资料存安全管理部门备查。

3)临时用电施工组织设计

由项目主管临时用电的部门根据《JGJ46—2005施工现场临时用电安全技术规范》编制临时用电施工组织设计。

### 3.人员、机械等安全措施

1)人员安全措施

认真贯彻执行"安全第一、预防为主"的方针,把安全生产当作工程管理中的头等大事来抓,组织本工程施工管理人员和工人认真学习施工安全规程、劳动保护法规、安全技术措施等。特殊工种的作业人员和工人必须经过专业安全技术培训并取得安全作业证书,方准上岗。

2)机械安全措施

电气和机械设备必须接零线,并根据情况安装必要的防雷装置,电工和机械工必须经考核合格后才能上岗,并佩戴电工防护装置。严禁非专业电工安装、移动、搭设供电线路和电气设备。严禁未经培训考核合格的工人操作机械。

各种施工机械、设备操作工要求岗前进行培训,考核合格后持证上岗;建立专人负责、专机负责制,严禁非本机操作工操作机械设备;机械设备应经常维修保养,严禁机械带病工作。

# 7.10 环境保护、水土保持保证体系及保证措施

**1. 施工环保、水土保持目标**

坚持做到"少破坏、多保护,少扰动、多防护,少污染、多防治",使环境保护监控项目与监控结果达到设计文件及有关规定,教育培训率 100%,贯彻执行率和覆盖率达 100%。

**2. 环境保护及水土保持管理体系**

建立健全环境保护及水土保持管理体系,成立以项目经理为组长的环境保护管理领导小组。建立各职能部门和各施工作业队为责任主体的环境保护及水土保持保障体系,负责本标段的环境保护及水土保持管理工作。

# 7.11 文明施工、文物保护保证体系及保证措施

**1. 文明施工体系**

创建安全文明标准工地,确保不发生影响社会治安的案件。做到"两通三无五必须",健全以项目经理具体领导、文明施工员具体指导、各施工队具体落实的管理网络,增强管理力量。

**2．文明施工保证措施**

1）施工现场场地管理措施

工程施工必须在批准的施工场地内进行。需临时租用施工场地和临时占用道路的，依法办理报批手续，先批后用。

施工现场场地管理是为文明施工创造良好的施工环境。施工中按平面布置图实施，现场内所有设施按图定位。根据工程进展，适时对施工现场进行整理和整顿，或进行必要的调整。

2）临时设施管理措施

临时生产和生活设施的布置，应便于组织生产和方便生活，尽量少占用地，临时设施一般不得占据在建工程位置，并应符合消防安全和工地卫生的规定。生活区与施工区要有明确划分。

3）施工秩序管理措施

工程项目开工前，根据施工承包合同的要求，编制实施性施工组织设计，经监理部门、业主部门批准后认真组织实施，重大变更需征得建设单位、设计与监理同意。

工程开工实行开工报告制度。项目开工前，提出开工报告，经相关部门批准后执行；各分部工程开工前，向驻地监理提出开工申请，批准后执行。

施工阶段实施计划管理，按计划组织施工，对施工进程全面控制。

4）施工队伍管理措施

所有施工人员办理暂住证，服从当地管理，严禁三无盲流人员窜入，同时做好防盗工作。

要及时掌握职工的思想动态，定期组织学习，树立职工热爱本职工作、安心工地施工的主人公思想，严防打架斗殴、酗酒闹事的事件发生。

经常开展以防火、防爆、防盗为中心的安全大检查，堵塞漏洞，发现隐患立即向该工点作业队发出"隐患整改通知书"，限期整改，并督促解决。

5）确保不发生影响社会治安案件的承诺

加强职工管理，进行法制教育，积极宣传各项有关法律法规，并经常掌握职工思想动态，定期组织学习，树立职工热爱本职工作的思想，确保不发生影响社会治安的案件。

6）文物保护管理体系

严格执行《文物保护法》以及省内有关部分的要求，将文物保护措施落实到施工全过程。

7）文物保护措施

认真贯彻国家《中华人民共和国文物保护法》和当地政府对文物保护的有关规定，增强文物保护意识，提高自觉保护文物意识，严格贯彻执行国家有关文物保护的各项规定，杜绝任何违反《文物保护法》的事情发生。

开工前仔细阅读图纸和设计文件，认真研读当地历史资料，并向当地文物保护单位进行调查，有针对性地制定文物保护措施和文物保护预案。

施工建设中如果遇到文物古迹，根据《文物保护法》的要求立即停止施工，保护好现场并及时通知有关部门，并采取严密的保护措施，派专人看守，绝不允许任何人随意移动和损坏，直到专业或政府部门人员到场。

遵守国家和省有关文物考古、勘探、发掘保护等方面的法律、法规,采取必要的措施防止施工过程中对文物的破坏或造成文物的流失等。

# 7.12 项目风险预测与防范, 事故应急预案

本标段路线长,施工人员数量及机械设备种类多、施工组织难、材料用量大、施工质量要求高。因此,应对在施工期间的风险进行预测及评估,并据此提出相应的对策及措施。

**1. 风险管理**

在工程施工开始前,应将工程风险全部分类列出。对可能出现的每个问题或事故,应就如何尽早鉴别、在施工组织方案中如何实施予以说明。应将风险表给所有的责任人交底,并对操作人员作风险意识培训。

**2. 风险等级划分表**

1) 可能性分级表(表 7-4)

表 7-4　可能性分级表

| | |
|---|---|
| 1 | 不可能 |
| 2 | 不太可能 |
| 3 | 偶然 |
| 4 | 可能 |
| 5 | 很可能 |

2) 严重性分级表(表 7-5)

表 7-5　严重性分级表

| | |
|---|---|
| 1 | 不明显 |
| 2 | 少量的 |
| 3 | 比较严重 |
| 4 | 严重 |
| 5 | 很严重 |

# 7.13 冬季和雨季的施工安排

**1. 冬季施工安排**

为了保证工程施工质量,冬季施工期间,预先制定冬季施工的质量保证措施。

1)冬季施工准备

(1)依据工期和施工总体进度网络图中关键线路,合理安排冬季施工项目,并编制冬季施工方案和技术措施。

(2)准备冬季施工取暖保温材料和混凝土、砂浆的早强抗冻等外加剂。

(3)做好生活用房、作业车间及混凝土搅拌站的防寒保温及供水管网、热力管网的防冻保温和供热。

(4)组织冬季施工培训,学习冬季施工有关技术规范和冬季施工理论知识、技术操作规程,并积极开展冬季施工防火、防冻、防煤气中毒等思想和安全教育,提高职工冬季施工质量和安全意识,建立有效的冬季施工各项责任和值班等规章制度。

2)冬季施工管理

(1)在编制冬季施工方案过程中,会同监理、设计及业主单位对施工图纸进行有关冬季施工的专门审查,并对已批准认可的冬季施工方案和技术措施进行技术交底,以确保认真贯彻执行。

(2)施工现场备有足够数量的能连续记录的测温计,在前7日内,约每$30m^2$混凝土放置一个温度计,有专人负责连续观测并认真记录测试数据。测温人员经常保持同供热、保温人员联系,一旦发现异常情况立即会同有关人员或部门处理。

(3)外加剂等掺合料的存放保管、配制及掺加,有专人负责并认真做好记录。

(4)冬季施工期间,除对职工定期进行安全教育,使其严格遵守安全法规和操作规程外,还采取相应的防电、防火、防爆等安全措施。

3)冬季施工措施

(1)混凝土施工

冬季混凝土拌和时,各项材料的温度应满足混凝土拌和所需的温度。若不满足拌和温度(如集料低于5℃)时,材料需分别加热,先加热水至40～60℃;再加热集料到适当温度且不得含有冰雪等冻结物;水泥采取覆盖等保温措施而不加热;搅拌投料时按砂石、水、水泥的顺序,不得颠倒以免发生假凝现象。

为了保证高性能混凝土的和易性和流动性,可适当延长拌和时间。但若采取热拌工艺时,搅拌时间太长也会影响混凝土质量和各项指标,故搅拌时间一般可比规范规定值延长50%即可。

根据混凝土的强度等级、运输、浇筑方式等配制配合比和坍落度,但各种外加剂等掺合料的掺量必须符合相应规范要求,混凝土的水灰比不得大于相应规范规定值。混凝土运输车采用保温隔热材料包裹,尽量减少混凝土在运输过程中热量损失,以确保混凝土的入模温度不低于10℃。

(2) 混凝土养生

冬季混凝土养生可根据混凝土结构分别采用覆盖蓄热法。

混凝土养生期间派专人值班,每隔2h测温一次,并认真做好记录,若发现问题会同相关人员立即处理。

冬季施工每批混凝土同体养生试件不少于7组,4组作为3d、7d、14d、28d强度试验用,其余3组作为必要时强度试验备用。

(3) 钢筋施工

冬季焊接钢筋时,尽量安排在室内进行,如必须在室外焊接时,应采取防雪、挡风措施。严禁焊接后的接头立即接触冰雪,以防影响焊接质量。

当进行搭接电弧焊时,第一层焊缝应从中间引弧,再向两端运弧。在以后各层焊缝的焊接时,采取分层控温施焊,以起到缓冷作用。焊接电流应略微增大,速度适当减慢。

采用闪光对焊时,宜采用闪光—预热—闪光焊工艺。伸长度增加10%~20%,以便增大加热范围。在焊接过程中要严格按操作工艺执行。

**2. 雨季施工安排**

1) 施工管理

(1) 根据总体施工进度计划和工程现场的实际情况,安排好雨季施工项目,编制雨季施工方案和技术措施。不宜雨季施工的项目,尽量避开雨季施工。

(2) 雨季施工以预防为主,特别是对于受雨季影响的工程的施工,采取防雨措施及加强排水手段,以确保雨期施工正常进行。

2) 施工准备

(1) 做好施工场地周围防洪排水措施,疏通现场排水沟,准备好排水机具。运输道路做好路拱,两侧挖好排水沟,保证雨后通行。

(2) 准备好雨季施工材料及防护材料,对于机电设备和电闸采取防雨、防潮等措施,并按要求做好接地保护装置,以防漏电、触电事故发生。

3) 施工措施

(1) 与当地气象部门经常保持联系,随时获得气象资料,掌握年、月、旬、周、日的降雨趋势,合理安排施工项目。

(2) 在混凝土施工前及时检测砂、石料的含水量以调整施工配合比。浇筑成型的混凝土及时采用防雨材料覆盖,在终凝前不允许雨水淋在混凝土表面。

(3) 加强防雷、防暴雨、防洪的措施,制定应急预案,提前获取气象信息,做好防雷、防暴雨、防洪等安全措施。雷暴雨来临之前,所有施工项目暂停施工。

# 思　考　题

1. 浅埋暗挖法主要包括哪些施工方法？
2. 试述柔性路面和刚性路面的特点。
3. 案例题。

某公司中标城市主干道路面大修工程，其中包括部分路段的二灰料路基施工。施工项目部为了减少对城市交通的影响，采取夜间运输基层材料，白天分段摊铺碾压。施工中发现基层材料明显离析，压实后的表面有松散现象，局部厚度不均部位采用贴料法补平。负责此段工程的监理工程师发现问题并认定为重大质量事故的隐患，要求项目部采取措施进行纠正。

（1）从背景材料看，控制基层材料离析应从哪些方面入手？

（2）试分析压实后的基层表面会产生松散现象？

（3）厚度不均的基层局部采用补平法是否可行？

（4）监理工程师为何认定为重大质量的隐患？

# 参 考 文 献

[1] 中华人民共和国建设部. 建设工程项目管理规范[S]. 北京:中国建筑工业出版社,2002.
[2] 编写委员会. 建筑施工手册[M]. 3 版. 北京:中国建筑工业出版社,1997.
[3] 彭圣浩. 建筑工程施工组织设计实例应用手册[M]. 3 版. 北京:中国建筑工业出版社,1998.
[4] 张守健,许程浩. 施工组织设计与进度管理[M]. 北京:中国建筑工业出版社,2001.
[5] 刘金昌,李忠福,杨晓林. 建筑施工组织与现代管理[M]. 北京:中国建筑工业出版社,2002.
[6] 许程浩. 建筑施工组织[M]. 北京:中央广播电视大学出版社,2000.
[7] 曹吉鸣,徐伟. 网络计划技术与施工组织设计[M]. 上海:同济大学出版社,2000.
[8] 成虎. 工程项目管理[M]. 2 版. 北京:中国建筑工业出版社,2001.
[9] 李子新,汪全信,李建中,等. 施工组织设计编制指南与实例[M]. 北京:中国建筑工业出版社,2006.
[10] 林知炎,曹吉鸣. 工程施工组织与管理[M]. 上海:同济大学出版社,2002.
[11] 刘小平. 建设工程项目管理[M]. 北京:高等教育出版社,2002.
[12] 齐宝库. 工程项目管理[M]. 大连:大连理工大学出版社,2003.
[13] 深圳清华斯维尔软件科技有限公司. 项目管理 2004 软件使用手册及工程实例高级教程[M]. 北京:中国建筑工业出版社,2004.
[14] 项建国. 建设工程项目管理[M]. 北京:中国建筑工业出版社,2005.
[15] 张贵良,牛季收. 施工项目管理[M]. 北京:科学出版社,2004.
[16] 张国联,王凤池. 土木工程施工[M]. 北京:中国建筑工业出版社,2004.
[17] 中国建筑学会建筑统筹管理分会. 工程网络计划技术规程教程[M]. 北京:中国建筑工业出版社,2000.
[18] 重庆大学,同济大学,哈尔滨工业大学. 土木工程施工(上册)[M]. 北京:中国建筑工业出版社,2005.
[19] 姚刚. 土木工程施工技术[M]. 北京:人民交通出版社,1999.
[20] 应惠清. 土木工程施工[M]. 上海:同济大学出版社,2001.
[21] 手册编写组. 基础工程施工手册[M]. 北京:中国计划出版社,1996.
[22] 杨南方,尹辉. 建筑工程施工技术措施[M]. 北京:中国建筑工业出版社,1999.
[23] 江正荣,朱国梁. 简明施工计算手册[M]. 北京:中国建筑工业出版社,1989.
[24] 上海建工集团总公司. 上海建筑施工新技术[M]. 北京:中国建筑工业出版社,1999.
[25] 重庆建筑大学,同济大学,哈尔滨建筑大学. 建筑施工[M]. 3 版. 北京:中国建筑工业出版社,1997.
[26] 阎西康. 土木工程施工[M]. 北京:中国建材工业出版社,2000.